Einzelkonstruktionen aus dem Maschinenbau

Herausgegeben von Ingenieur C. Volk-Berlin □ □ □ Zweites Heft

Kolben

I. Dampfmaschinen- und Gebläsekolben

von

Ingenieur C. Volk,

Berlin

II. Gasmaschinen- und Pumpenkolben

von

A. Eckardt,

Betriebsingenieur der Gasmotorenfabrik Deutz

Mit 247 Textfiguren

Springer-Verlag Berlin Heidelberg GmbH

ISBN 978-3-662-35727-9   ISBN 978-3-662-36557-1 (eBook)
DOI 10.1007/978-3-662-36557-1

Zur Einführung.

Mit dem Sammelnamen „Maschinen-Elemente" bezeichnet man jene Konstruktionsteile, die sich an einer Reihe von Maschinen in ähnlichen Formen vorfinden und die — losgelöst von diesen Maschinen — berechnet und entworfen werden können.

Zunächst verstand man darunter eigentlich nur die Schrauben, Nieten und Keile, die Triebwerksteile, die Elemente der Dampfmaschine, die Rohre und Absperr-Vorrichtungen. Erst später kamen auch die Einzelkonstruktionen der Hebe- und Verlademaschinen hinzu und in der neuesten Zeit schenkt man auch den Elementen der Werkzeugmaschinen gebührende Beachtung, während noch viele Zweige des Maschinenbaues der gleichen Berücksichtigung harren. Aber nicht nur die Grenzen, die dem Begriff der „Maschinen-Elemente" zukommen, haben sich so beträchtlich erweitert, daß kein geringerer als Bach sagen mußte, es sei „dem einzelnen einfach unmöglich, sich auf allen in Betracht kommenden, zum Teil sehr weit ausgedehnten Gebieten vollständig auf dem Laufenden zu erhalten", sondern auch die einzelnen Elemente haben eine so reiche Ausgestaltung erfahren, verlangen zu ihrem sachgemäßen Entwurf die Verwertung so mannigfacher Erfahrungen, daß neben den zusammenfassenden Büchern über Maschinenteile auch Sonderhefte am Platze sein dürften, die sich nur mit einem Konstruktionsteil beschäftigen.

Dabei wird die Behandlung eine andre sein müssen, je nachdem Konstruktionen in Frage kommen, die immer wieder — unter Anpassung an die verschiedensten Bedingungen — berechnet und entworfen werden müssen, oder die, wie z. B. die Kugellager, eigentlich nur von wenigen Ingenieuren konstruktiv behandelt werden, während die größere Zahl der Fachgenossen mit der Auswahl, dem Einbau und dem Betrieb zu tun hat, oder ob es sich endlich um Teile handelt, für deren Entwurf in erster Linie die praktischen Erfahrungen und bewährte Ausführungen maßgebend sind. Daraus geht hervor, daß es verfehlt gewesen wäre, den Sonderheften irgendeine Einheitlichkeit aufzuzwingen, eine äußere Übereinstimmung in bezug auf den Inhalt und die Anordnung. Es war im Gegenteil die Aufgabe der Verfasser, stets jene Darstellung zu wählen, die dem zu behandelnden Gegenstand am besten zu entsprechen schien. So war einmal die rechnerische, dann wieder die betriebstechnische oder die technologische Seite der Aufgabe stärker zu betonen. Und während z. B. eines der Sonderhefte nur die Zylinder ortsfester Dampfmaschinen behandelt und die Zylinder andrer Motoren den folgenden Heften zuweist, versucht das Heft über Kolben die Wandlungen zu zeigen, die dieses eine Element erfährt, je nachdem es für eine Dampfmaschine oder ein Gebläse, für eine Pumpe oder eine Gasmaschine bestimmt ist.

In den einzelnen Heften haben die Verfasser nicht nur ihre eigenen, zum Teil auf langjähriger Praxis beruhenden Erfahrungen niedergelegt, sondern auch die Mitteilungen und Anregungen von Ingenieuren verwertet, die auf dem gleichen Gebiete tätig sind. Allen Heften gemeinsam ist die Verwendung eines reichen Figurenmaterials, für dessen sorgfältige Wiedergabe ich der Verlagsbuchhandlung zu besonderem Dank verpflichtet bin.

Möchten die „Einzelkonstruktionen" überall dort gute Dienste leisten, in Schulen und in Fabriken, wo junge Fachgenossen abwägen und aufbauen, wo sie sich mühen und sich üben im Dienste der Technik.

Berlin, im Herbst 1911.

C. Volk.

Vorwort.

Die Kolben gehören zu jenen Maschinenteilen, die die konstruktive Anpaßung an die mannigfaltigen Betriebsbedingungen besonders klar erkennen lassen.

Es dürfte daher von Wert sein, an vielen Figuren ausgeführter Kolben zu zeigen, in welcher Weise der gestaltende Ingenieur die immer gleichbleibende Aufgabe, zwei Räume mit verschiedenem Druck voneinander zu trennen, lösen muß, je nachdem die treibenden oder die getriebenen Stoffe, die Pressungen, die Temperaturen, die Geschwindigkeiten usw. sich ändern.

Auf die Herstellung und Bearbeitung wird vielfach eingegangen; hingegen sind die Gesichtspunkte für die Berechnung nur an einigen Stellen angegeben, da die Berechnung nur im Zusammenhang mit den Anforderungen der Elastizitäts- und Festigkeitslehre in wünschenswerter Ausführlichkeit behandelt werden kann.

Zum Schlusse danken die Verfasser noch den Herrn Direktor Dr.-Ing. Pfleiderer, Mülheim-Ruhr, Oberingenieur Engelhardt, Wurzen, und Ingenieur Karger, Brünn, für ihre wertvolle Mitarbeit und den Firmen, die die Wiedergabe ihrer neuesten Konstruktionen gestattet haben, für dies liebenswürdige Entgegenkommen.

Inhaltsverzeichnis.

Einteilung der Kolben.

Die Bewegung der Kolben kann eine geradlinig hin und her gehende, eine umlaufende oder schwingende sein. Die Kolben der Kraftmaschinen werden von einem Kraftmittel (Dampf, Gas, Druckluft, Druckwasser usw.) bewegt, die Kolben der Arbeitsmaschinen wirken gegen die im Zylinder eingeschlossenen tropfbaren oder gasförmigen Flüssigkeiten. Sind beide Seiten des Kolbens dem wechselnden Drucke des arbeitenden oder zu bewegenden Stoffes ausgesetzt, so ist der Kolben doppeltwirkend, steht eine Seite dauernd unter gleichbleibender Pressung, so ist der Kolben einfachwirkend. Zur Abdichtung des Kolbens dient meist ein besonderes Dichtungsmittel oder eine Liderung, doch kann dichter Schluß auch durch Einschleifen des Kolbens oder durch die sogenannte „Labyrinth-Dichtung" erzielt werden. Bei den geradlinig hin und her gehenden Kolben, die im folgenden behandelt werden sollen, unterscheidet man Scheibenkolben, Rohrkolben (auch Taucherkolben, Plunger), Ventilkolben und Stufenkolben. Bei den Kolben der ersten Art ist die Kolbenlänge geringer als der Durchmesser, bei den Kolben der zweiten Art ist der Kolben länger als der Durchmesser, der Kolben hat die Form eines Rohres.[1] Die „Ventilkolben", auch durchbrochene Kolben genannt, sind mit Ventilen versehene Scheibenkolben. Besteht der Kolben aus 2 Zylindern von ungleichem Durchmesser, so wird er Stufenkolben genannt (Fig. 179).

Eine andere Einteilung ergibt sich aus der Art der Dichtung: Kolben mit Hanfliderung, Kolben mit Lederliderung, mit Metalliderung usw.

Am besten dürfte es sein, Kolben, die den gleichen Betriebsbedingungen unterliegen und die nach gleichen konstruktiven Gesichtspunkten zu entwerfen sind, gemeinschaftlich zu besprechen, so daß zu unterscheiden wären: Dampfmaschinen-, Gebläse-, Gasmotoren-, Pumpen-, Luftpumpen- und Kompressorkolben.

A. Dampfmaschinenkolben und Gebläsekolben.

1. Allgemeine Regeln.

Beim Entwurf eines Kolbens ist folgendes zu beachten:

1. Der Kolben soll bei genügender Festigkeit möglichst leicht sein. Geringes Kolbengewicht ist namentlich bei hoher Kolbengeschwindigkeit anzustreben, um die hin und her gehenden Massen zu verringern. Geringes Gewicht ist ferner zur Verringerung der Reibung für Kolben liegender Maschinen erwünscht, und zwar sowohl für jene Kolben, die von der durchgehenden Kolbenstange getragen werden (Schwebe-

---

[1] Man findet mitunter die Angabe, bei Scheibenkolben liege die Dichtung im Kolbenkörper, bei Tauch- oder Rohrkolben in der Zylinderwand. Nach dieser Einteilung müßte man den Kolben einer einfachwirkenden Gasmaschine, Fig. 130, als Scheibenkolben ansehen, obwohl seine Form nichts mit einer Scheibe gemein hat. Bei eingeschliffenen Kolben versagt diese Unterscheidung gänzlich.

kolben), als auch für solche, die von der Zylinderwand getragen werden (Schleifkolben). Trägt die Stange den Kolben und ist eine größte elastische Durchbiegung y
zu erwarten, so muß der Durchmesser des Kolbenkörpers um $3\,y$ bis $4\,y$ kleiner sein
als die Zylinderbohrung. Schleifkolben werden meist nach Fig. 1 exzentrisch ausgeführt. Der Kolben wird erst genau auf Zylinderbohrung D gedreht, dann exzentrisch aufgespannt und der Stahl derart angestellt, daß das untere Drittel unberührt
bleibt und an der höchsten Stelle s mm weggedreht werden. Der Kolben erhält
dadurch die in Fig. 1 schraffiert angegebene Gestalt: e ist, je nach Kolbengröße,
0,5 bis 1 mm, $e_1 = 0$ bis 1 mm, $s = e + \dfrac{e_1}{2}$. Es empfiehlt sich, nur den Teil zwischen
den Ringen exzentrisch zu bearbeiten, die überstehenden Teile aber derart zentrisch zu drehen, daß sie die Zylinderwand nicht berühren. (Vgl. Fig. 81 und 92).
Der in den Spalt zwischen Zylinderwand und Kolbenkörper eintretende Dampf
kann dann keinen einseitigen Druck nach unten ausüben.

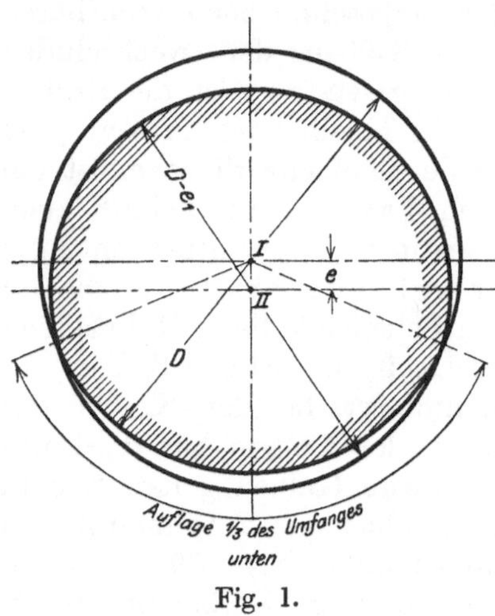

Fig. 1.

Wird der Kolben über den ganzen Umfang
exzentrisch bearbeitet oder wird er, der einfacheren Herstellung wegen, zentrisch auf einen Durchmesser gedreht, der etwas kleiner ist als der
Zylinderdurchmesser, so ist anfangs nur eine geringe Tragfläche vorhanden; solche Kolben muß
man daher vorsichtig einlaufen lassen.

Kolbenkörper aus Stahlguß dürfen nicht
auf der Zylinderwand schleifen. Können sie
nicht von der Kolbenstange getragen werden,
so müssen sie gußeiserne Kränze, ähnlich wie
in Fig. 67, oder besondere gußeiserne Gleitschuhe
erhalten; oder sie müssen sich auf die Liderungsringe legen. Diese verschleißen auf der Unterseite dann rascher und werden hier und da mit
Beilagen zum Nachstellen versehen (Fig. 71 und
100). Auch werden Druckschrauben angeordnet,
mit denen man Kolbenmitte auf Zylindermitte einstellen kann (Fig. 230).

2. Der Kolben soll bei ausreichender Dichtung möglichst geringe Breite haben,
weil von der Kolbenbreite B und dem Maschinenhub die Zylinderlänge abhängt.
Schleifkolben dürfen aber nicht zu schmal gemacht werden, damit kein Kippen
oder Schiefstellen eintritt und die Flächenpressung nicht zu hoch wird. Für einen
Kolben nach Fig. 1 ist die tragende Fläche $\sim 0{,}8\,DB_1$ cm². (Dabei ist B_1 die
Breite der Schleiffläche.) Ist G das Gewicht des Kolbens und eines Teiles der
Stange, so ist die Flächenpressung $p = \dfrac{G}{0{,}8\,DB_1}$ kg/cm². Man halte p möglichst
niedrig, $0{,}5 - 1$ kg/cm², höchstens 3 kg/cm². Sehr schwere Schleifkolben, deren
Breite man beschränken will, müssen angeschraubte oder angegossene Tragschuhe
(siehe Fig. 79) erhalten. Bei raschlaufenden Maschinen ist dann auch oben ein
Tragschuh oder eine entsprechende Gewichtsvermehrung erforderlich, damit der
Beschleunigungsdruck im Hubwechsel kein gefährliches Kippmoment hervorruft.

3. Die Dichtung soll sich auf einfache Weise anbringen, nachsehen und auswechseln lassen. —

Aus diesem Grunde wären Kolben mit Deckel vorzuziehen, doch sind sie
teuerer in der Herstellung, schwerer und nicht so betriebssicher wie Kolben ohne
Deckel.

4. Der äußere Dichtungsring soll die Zylinderlauffläche um 0,5 mm bis 1 mm
überschleifen, damit sich kein Grat bilden kann.

5. Alle Schrauben und Muttern sind gegen Losdrehen zu sichern, für kleinere Muttern, die häufiger gelöst werden sollen, ist nicht rostendes Material zu verwenden; für das Abziehen des Kolbens von der Stange, das Abpressen der Deckel usw. sind Schrauben und Bohrungen vorzusehen. Kolben, die in einer bestimmten Lage eingebracht werden müssen, sollen Zeichen für „oben" und „unten" erhalten. Die Kolbenstange wird dann mit einer Nase oder einer Feder versehen, um die gewünschte Lage zu sichern.

6. Der Kolben soll eine Form erhalten, bei der jede Materialanhäufung vermieden wird.

Rippen und Verstärkungen sind so auszuführen, daß sie weder das Auftreten von Gußspannungen begünstigen, noch ein Unrundwerden des Kolbens herbeiführen. Man läßt daher die Rippen doppelwandiger Kolben meist nicht bis zum äußeren zylindrischen Rand laufen und schließt sie nicht an die Nabe an, wodurch auch ein besserer Zusammenhang des Kernes herbeigeführt wird. In diesem Falle wirken die Rippen allerdings nicht mehr tragend, sondern nur versteifend. Die Aussparungen in den Rippen und die Kernlöcher in der Kolbenwandung lege man möglichst weit nach außen, da in der Feldmitte die größten Spannungen herrschen. Die freien Rippenkanten sind gut abzurunden oder wulstartig zu verstärken, damit sie nicht infolge der Gußspannungen einreißen (siehe Fig. 98).

7. Dampfmaschinenkolben sollen dem Dampf eine möglichst geringe Abkühlungsfläche bieten.

2. Liderungsringe aus Metall.[1])

a) Einfache, federnde Ringe (Selbstspanner).

Material. Die Selbstspanner werden meist aus Gußeisen, selten aus ungehärtetem Tiegelgußstahl[2]) hergestellt, aus Bronze nur für Pumpenkolben, falls zu befürchten ist, daß die Flüssigkeit auf Gußeisen chemisch einwirkt. Die gußeisernen Ringe müssen aus einem Eisen bestehen, das weicher als die Zylinderwand, aber doch ziemlich spröde ist, damit die Ringe kräftig federn. Dabei ist zu beachten, daß sprödes Material bei der Bearbeitung und Montage sehr behutsam behandelt werden muß. Biegsameres Gußeisen verträgt das Zusammenspannen oder Überstreifen besser, verliert aber, ähnlich wie Schmiedeeisen, bald die Federkraft und nimmt leicht dauernde Formänderung an.

Herstellung der Selbstspanner. Sollen z. B. Ringe von s mm Stärke für einen Kolben von D mm Durchmesser hergestellt werden, so wird ein Zylinder von $D + \dfrac{a \cdot D}{\pi} + y$ äußerem Durchmesser und $s + y$ Wandstärke gegossen, der häufig, um ihn besser gegen die Planscheibe spannen zu können, mit einem Flansch oder einigen Angüssen versehen ist. Von diesem Zylinder werden außen und

---

[1]) Diese und die folgenden Angaben unter 3, 4 usw. gelten auch für Gasmotorenkolben, Kompressorenkolben usw.

[2]) Ringe aus kaltgezogenem, weichem Tiegelgußstahl können bei gleicher Federkraft schwächer gehalten werden, als gußeiserne Ringe. — Als mittlere Abmessungen werden empfohlen:

Zylinder ϕ	300	400	500	600	800	1000
Ringquerschnitt (Zoll engl.)	$^3/_8 \times {}^5/_{16}$	$^3/_8 \times {}^5/_{16}$	$^3/_8 \times {}^5/_{16}$	$^7/_{16} \times {}^3/_8$		
				$^5/_8 \times {}^1/_2$	$^5/_8 \times {}^1/_2$	
						$^7/_8 \times {}^9/_{16}$

(Angaben von H. Meyer, Düsseldorf.)

innen $\frac{y}{4}$ mm abgedreht, so daß seine Stärke $s + \frac{y}{2}$ beträgt; dann werden Ringe von entsprechender Höhe abgestochen und aus jedem Ring ein Stück von $a \cdot D$ mm Länge (am äußeren Umfang gemessen) herausgeschnitten. Nun wird der Ring zusammengespannt (die Schnittstellen werden häufig aneinander gelötet, oder durch einen Splint verbunden), wodurch er ungefähr die Form eines Kreises vom äußeren Umfang $\left(D + \frac{aD}{\pi} + \frac{y}{2}\right)\pi - aD = \left(D + \frac{y}{2}\right)\pi$, somit vom äußeren Durchmesser $D + \frac{y}{2}$ mm annimmt. Darauf folgt das Fertigdrehen außen auf D mm und innen auf $D - 2s$ mm Durchmesser.[1]) So hergestellte Ringe werden sich nicht an allen Stellen der Zylinderwand mit gleichem Druck anlegen, die Pressung wird namentlich an der Stoßfuge kräftiger sein als an der gegenüberliegenden Stelle. (Durch vorsichtiges Hämmern kann eine gleichmäßigere Pressung erzielt werden, doch nur bei zähen Gußeisensorten, die für Kolbenringe weniger geeignet sind.) Besser legen sich Ringe an, deren Stärke s gegen die Stoßstelle hin abnimmt, doch ist die Bearbeitung dann teurer und die geringe Wandstärke am Stoß erschwert die Ausbildung des Schlosses. Auch läßt man dem Ring nicht gerne viel Spiel in der Nut und müßte daher bei exzentrisch gedrehten Ringen auch exzentrisch gedrehte Nuten ausführen. Ferner müßte die Stärke s eigentlich bis auf Null abnehmen; bei der üblichen Abnahme bis auf $0{,}7\,s$ wird der angestrebte Zweck nur unvollkommen erreicht. Aus allen diesen Gründen werden Ringe mit abnehmender Stärke selten ausgeführt. Mehr zu empfehlen ist ein von Direktor K. Reinhardt, Dortmund, vorgeschlagenes Verfahren,[2]) nach dem die Ringe unrund gegossen und unrund gedreht oder gefräst werden. Solche Ringe sind nach dem Ausschneiden und Zusammenspannen kreisrund, so daß nur mehr ein feiner Schlichtspan abzunehmen ist. Die unrunde Form kann unter bestimmten Annahmen berechnet oder auf folgende Weise durch den Versuch ermittelt werden:

Ein kreisrunder Ring vom Durchmesser des Zylinders wird an einer Stelle mit der Säge aufgeschnitten (Stärke des Schnittes $= \sigma$) und ein Stück von der Länge l zwischen die Enden geklemmt. Stellt man nun einen geschlossenen Ring her, der genau die Form dieses aufgespreizten Ringes hat und schneidet ein Stück $l + \sigma$ heraus, so wird nach dem Zusammenspannen ein kreisrunder Ring erhalten, der sich allseitig mit gleichmäßigem Drucke anlegt.[3]) Die unrunde, ellipsenähnliche Form weicht nicht wesentlich von der Kreislinie ab; die kleine, durch die Schnittstelle gehende Achse ist um ungefähr $1\frac{1}{2}$ bis 2 v. H. kleiner als die senkrecht dazustehende große Achse. Stehen Sondermaschinen zum Unrundfräsen nicht zur Verfügung, so kann man die Ringe auch sehr sorgfältig unrund gießen, unbearbeitet zusammenspannen und dann erst die Gußhaut abdrehen.

---

[1]) y ist die Bearbeitungszugabe. Wird beim Vordrehen und Fertigdrehen innen und außen ein Span von je 3 mm genommen, so ist $y = 12$ mm einzusetzen.

a ist das Maß für die Größe des Ausschnittes. Je nach der Federung, die der fertige Ring besitzen soll, ist a mit $\frac{1}{8}$ bis $\frac{1}{12}$ zu wählen. Z. B. $D = 500$, $y = 12$, $a = \frac{1}{10}$, $s = 15$, dann ist

äußerer Durchmesser des rohen Ringes $= 500 + \dfrac{500}{10\,\pi} + 12 = 528$ mm, Wandstärke $s = 27$,

„ „ „ vorgedrehten Ringes $= 522$ mm, Wandstärke 21,

Ausschnitt $= D/10 = 50$ mm,

Umfang des zusammengespannten Ringes $= 522\,\pi - 50 = 1590$,

Durchmesser „ „ $= \dfrac{1590}{\pi} = 506$, Wandstärke 21.

Somit noch abzudrehen: 3 mm außen und 3 mm innen.

[2]) Z. 1901, S. 232 usw.

[3]) Nach einem ähnlichen Verfahren (System Kremer) stellt die Firma Gustav Maack, Köln-Ehrenfeld, selbstspannende gußeiserne Kolbenringe her.

(Da aber für Bearbeitung beiderseits doch 3 mm zuzugeben sind, muß ein verhältnismäßig starker Ring zusammengedrückt werden, wobei eine sehr hohe Beanspruchung auftritt. Auch ist zu beachten, daß gerade die am stärksten gespannten oder gedrückten Fasern wegzudrehen sind, wodurch ein Verziehen des Ringes begünstigt wird.)

Eine Planscheibe zum Aufspannen der Ringe ist aus Fig. 2 und 3 ersichtlich; noch besser eignen sich für diesen Zweck Drehbänke mit wagerechter Planscheibe. Die Seitenflächen der Ringe werden vorgedreht und dann meist geschliffen, wobei die Ringe ebenfalls auf wagerechten Planscheiben liegen. Zum Aufspannen dienen dann vielfach elektromagnetische Futter (Z. 1904, S. 625). Die äußeren Ringkanten

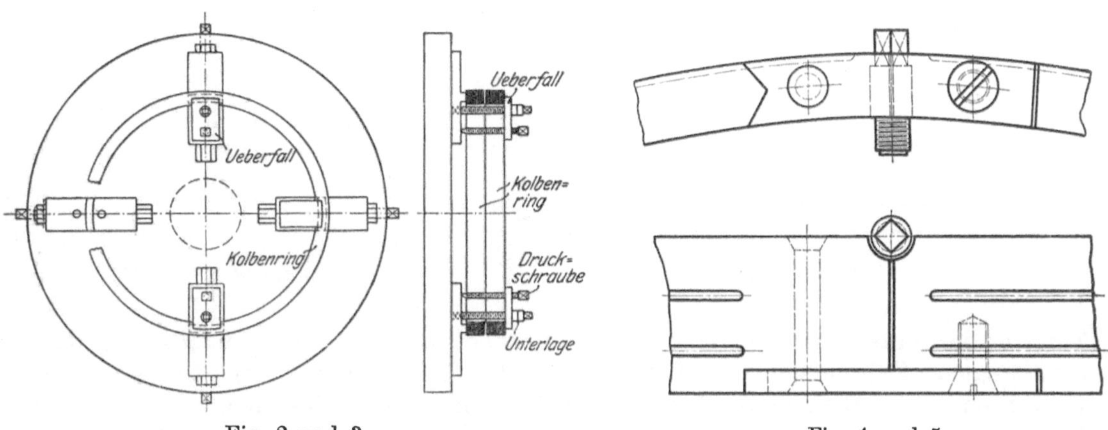

Fig. 2 und 3.   Fig. 4 und 5.

sind etwas zu brechen, namentlich bei Heißdampfkolben, da scharfe Kanten das Öl von der Zylinderwand abstreifen und die Schmierung erschweren. Durch Brechen der inneren Ringkanten wird das Einbringen der Ringe in die Nut erleichtert. Breite Ringe, namentlich Ringe für Gebläse, Gasmotoren usw. erhalten oft noch Schmiernuten (Fig. 4, 5, 19, 27 usw.), die meist vor der Stoßstelle auslaufen, damit das Schmieröl nicht hinter die Ringe gelangt.

Form des Stoßes. Die Stoßstelle soll derart ausgeführt sein, daß der Dampf nicht in der Richtung der Zylinderachse durchtreten kann oder doch nur ein schmaler Spalt offen bleibt. Häufig wird auch verlangt, daß der Dampf nicht zwischen Ring und Kolben gelangen kann, damit der Ring nicht durch den (veränderlichen) Dampfdruck zu kräftig (und mit wechselnder Stärke) gegen die Zylinderwand gedrückt wird. Die Stoßstellen der einzelnen Ringe sind gegeneinander zu versetzen und die Ringe durch Haltevorrichtungen am „Wandern" zu hindern. Diese Sicherung wird oft an die Stoßstelle gelegt.

Bei Kolben liegender Maschinen, die nach Fig. 1 exzentrisch abgedreht sind, werden die Stöße meist im unteren Drittel angeordnet, damit der Kolbenkörper, der auf der Zylinderwand schleift, die Abdichtung des Stoßes übernimmt. Es genügt dann ein einfacher, gerader oder schräger Stoß. (Beim geraden Stoß besteht die Gefahr, daß die Ringenden Riefen in die Zylinderwand einarbeiten.) Sehr verbreitet aber nur für stärkere Ringe geeignet ist der überlappte Stoß oder Treppenstoß nach Fig. 25 u. f. Der Ausschnitt wird jetzt meist gefräst, wobei Fräser nach Fig. 34 oder Walzenstirnfräser benutzt werden können (s. auch Z. 1904, S. 685). Sind solche Sonderwerkzeuge nicht vorhanden, so bedient man sich der Stoßmaschine oder bohrt längs einer vorgezeichneten Linie eine Reihe von Löcher und arbeitet mit Meißel und Feile nach. Vollständiger als bei den vorhin erwähnten Stößen wird bei dem vereinigten Treppen- und Blattstoß, Fig. 33, das

Durchtreten von Dampf verhindert; auch kann der Dampf nicht hinter den Ring gelangen.

Bei einer Reihe von Stößen wird die Abdichtung durch besondere Verschlußstücke oder „Zungen" bewirkt. Diese Zungen, Fig. 4 bis 10, sind schmale Platten aus Stahl oder Messing, die mit dem einen Ringende vernietet (oder verschraubt) und mit dem anderen Ringende dampfdicht zusammengepaßt werden. (Die aus Fig. 4 ersichtliche Schraube dient zum Spannen des Ringes bei der Bearbeitung.) Die Ringe selbst erhalten schrägen, geraden oder auch überlappten Stoß. Die

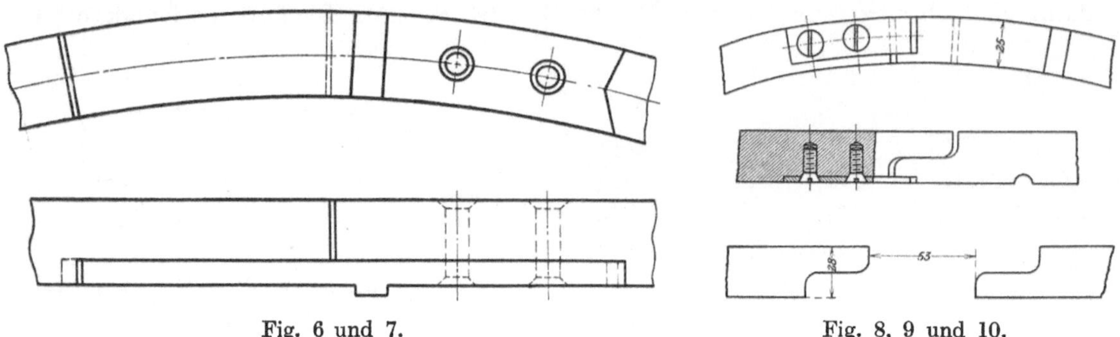

Fig. 6 und 7.   Fig. 8, 9 und 10.

Zungen der äußeren Ringe sind so anzuordnen, daß sie ihre Außenseiten dem benachbarten Zylinderdeckel zukehren, also dem Dampf den Zutritt zur Stoßfuge verwehren. Sie haben meist die Höhe des Kolbenringes, können aber auch nach Fig. 8 bis 10 niedriger gehalten werden, so daß noch eine schmale Dichtungsleiste verbleibt, die (ähnlich wie beim Treppen- und Blattstoß) dem Dampf den Eintritt in den Spielraum zwischen Kolbenkörper und Liderungsring verwehrt (vgl. Fig. 39).

Die erwähnten Vorrichtungen zum Festhalten der Ringe sollen einfach herzustellen und anzubringen sein, sollen sich nicht zufällig lockern können und

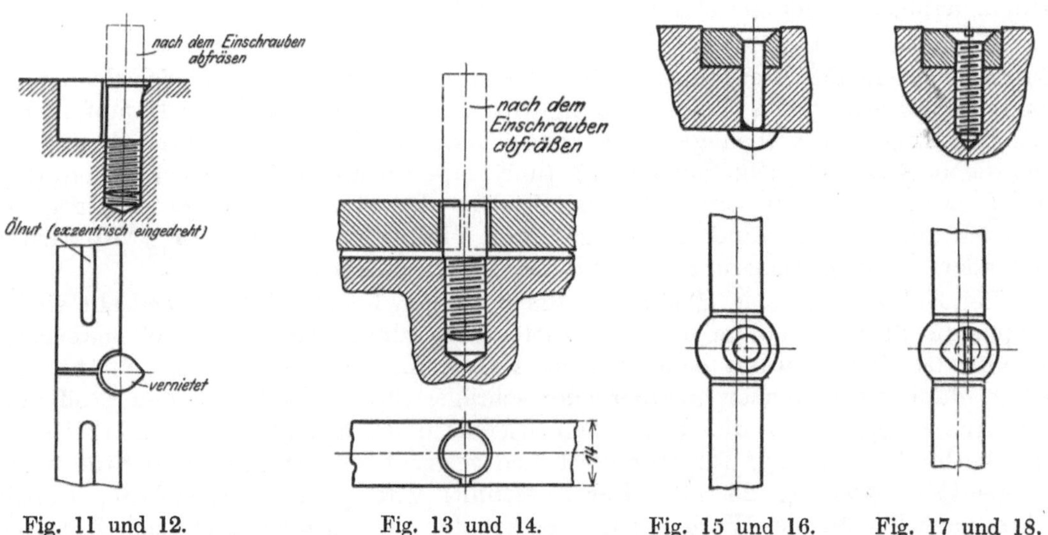

Fig. 11 und 12.   Fig. 13 und 14.   Fig. 15 und 16.   Fig. 17 und 18.

dürfen die Ringe nicht oder doch nur wenig schwächen. Sind Haltevorrichtungen vorhanden, so muß das Einbringen der Ringe besonders sorgfältig geschehen, da die Ringe leicht brechen, wenn sie sich auf die Haltevorrichtung setzen. — In Fig. 21

ist ein Haltestift (Prisonstift)[1]) in Fig. 11 bis 14 und 23 bis 28 eine Schraube angeordnet. In den Fig. 11 bis 14, 27, 28 steht die Schraube an der Stoßstelle, bei Fig. 27 verhindert der Kolbenring das Losdrehen der Halteschraube, deren Innenseite flach zugefeilt ist. Bei der Ausführung nach Fig. 19 wird in den Kolbenkörper ein schräger Schlitz gefräst und ein Zwischenstück hineingetrieben, während nach Fig. 15 bis 18 an der Stoßstelle ein rundes Plättchen liegt, das durch eine exzen-

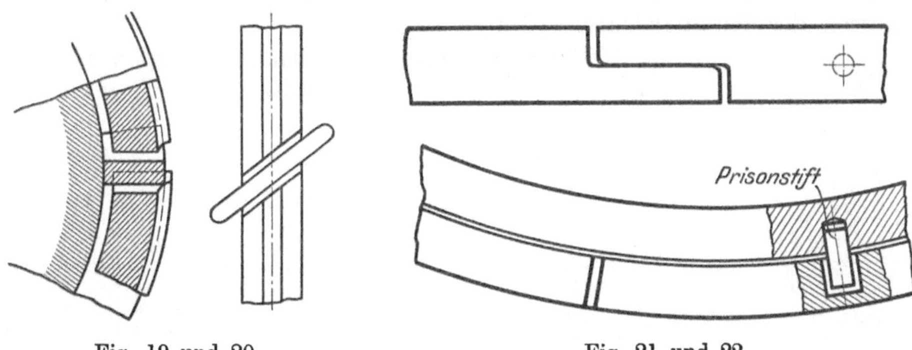

Fig. 19 und 20. Fig. 21 und 22.

trisch angeordnete Schraube oder Niete festgehalten wird. Man kann auch die Zungen als Haltevorrichtungen ausbilden, wenn man sie nach Fig. 6 und 7 mit einer vorspringenden Leiste versieht, die in eine Nute des Kolbenkörpers greift. Besondere Sicherungsstücke zeigen die Fig. 29 bis 32, bei der zweiten Anordnung liegen die Schrauben unter dem Ring und können sich daher nicht lösen.

Die Abdichtung der Stoßstellen bei mehrteiligen Kolbenringen ist aus den Fig. 41 bis 51 zu ersehen.

Berechnung der Selbstspanner. Ein Ring, Fig. 35, der nach allen Seiten einen gleichmäßigen Druck von p kg/cm² ausübt, oder den ein am ganzen Umfang wirkender Druck p kg/cm² zusammenbiegt, wird im Querschnitt AB eine Beanspruchung erfahren, die sich näherungsweise aus $M_b = 2rh \cdot pr = \dfrac{k_b}{6} \cdot hs^2$ berechnet.[2]) Den üblichen Ausführungen entsprechen Werte von $k = 800$ kg/cm² bis 1200 kg/cm². Die Beziehung $P = 2rh \cdot p$ kann auch zum Nachprüfen des fertig bearbeiteten Ringes benutzt werden, indem man den Ring bei AB einspannt und einen Draht oder ein Stahlband darüber legt, das solange belastet wird, bis sich das freie Ringende um die Hälfte des Ausschnittes gesenkt hat. Aus der erforderlichen Belastung

$$2P = 2 \cdot 2rh \cdot p$$

kann die voraussichtliche Flächenpressung bestimmt werden. Die Flächenpressung p beträgt meist 0,1 kg/cm² bis

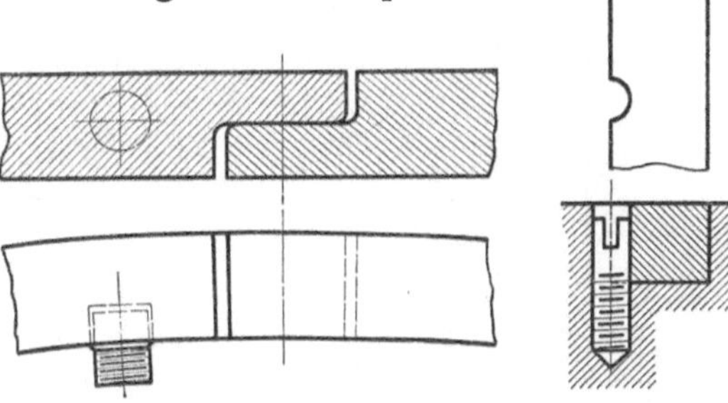

Fig. 23 und 24. Fig. 25 u. 26.

---

[1]) Der Stift muß in den Liderungsring eingepaßt sein und darf nicht, wie die Figur zeigt, Spiel besitzen. Ist Spiel vorhanden, so entstehen leicht Stöße, die den Stift oder den Ring zerstören.

[2]) Unter Berücksichtigung der Krümmung ist mit einiger Annäherung $s^3 = 24 \cdot \dfrac{pr^2}{\dfrac{1}{r} - \dfrac{1}{r_1}} \cdot \alpha$;

dabei ist r der Halbmesser des ungespannten Ringes und α die Dehnungsziffer.

1,2 kg/cm², die höheren Werte gelten für höhere Dampfspannungen und langsamlaufende, langhubige Maschinen.

Außer der Beanspruchung, die der Ring im Betriebe erfährt, sind noch zu beachten:

1. Die Beanspruchung, die bei der Bearbeitung und beim Zusammenspannen des aufgeschnittenen Ringes auftritt, und

2. die Beanspruchung, die sich beim Montieren des Ringes, beim Einbringen in die Nuten des Kolbenkörpers geltend macht.

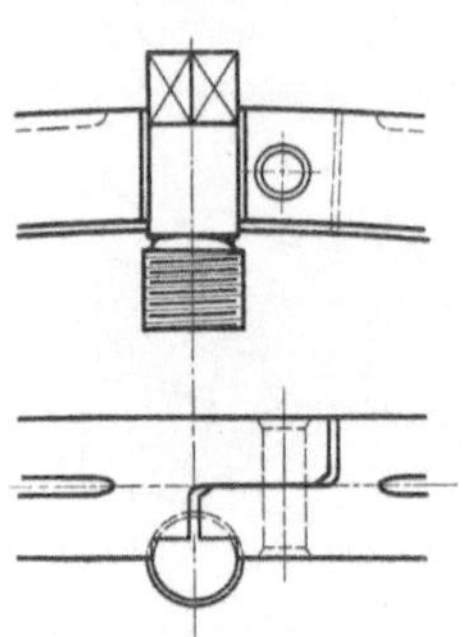

Ist bei einem fertigbearbeiteten Ring von $s = 10$ mm die größte im Betriebe auftretende Spannung $= 1000$ kg/cm², so wird beim Zusammenspannen des vorgedrehten Ringes von vielleicht 16 mm Stärke die größte Spannung ungefähr $\frac{16}{10} \cdot 1000 = 1600$ kg/cm² sein. Daraus

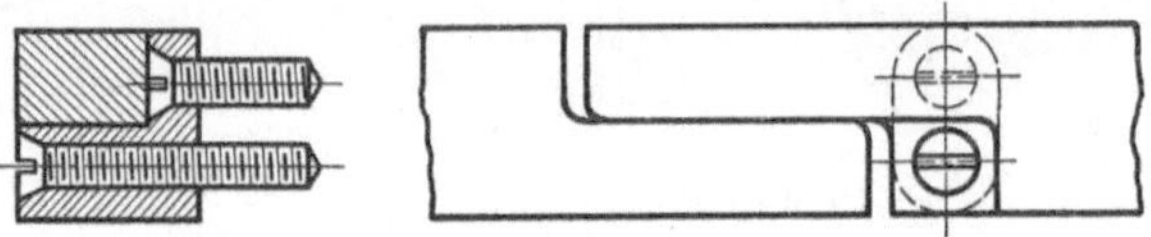

Fig. 27 und 28.   Fig. 29 und 30.

ersieht man, wie vorteilhaft es ist, die Ringe so vorzudrehen, daß nach dem Zusammenspannen nur mehr ein feiner Span zu nehmen ist; man erkennt auch, daß bei weniger sorgfältiger Arbeit der Ring leicht bleibende Formänderungen erleiden und einen Teil seiner Federkraft einbüßen kann.

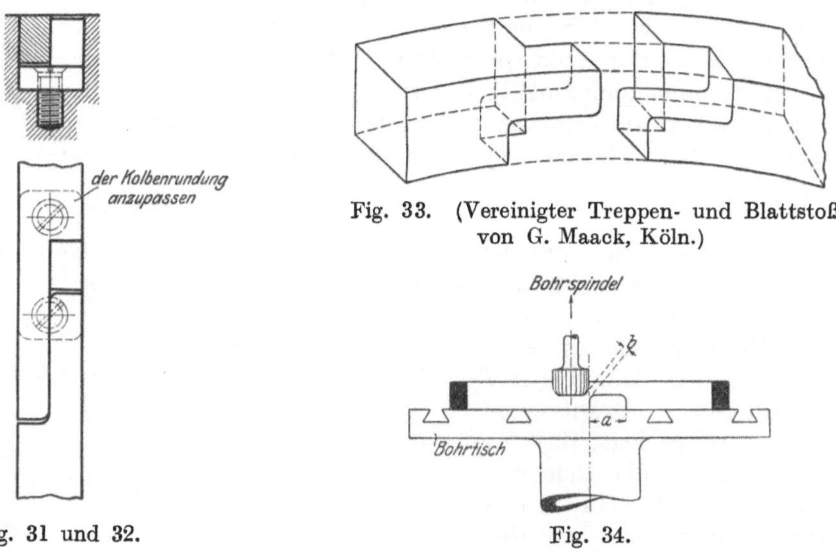

Fig. 33. (Vereinigter Treppen- und Blattstoß von G. Maack, Köln.)

Fig. 31 und 32.   Fig. 34.

Die unter 2. genannte Beanspruchung tritt beim Montieren auf, wenn der Ring soweit aufgebogen werden muß, daß er über den Kolbenkörper geschoben werden kann.

K. Reinhardt hat in seiner mehrfach erwähnten Arbeit Tabellen aufgestellt, aus denen die Spannungen beim Überstreifen und im Betriebe entnommen werden können. Auf Grund dieser Tabellen sind die Kurven Fig. 35 gezeichnet. Man kann daraus entnehmen, daß ein Ring, dessen Stärke $s = \dfrac{D}{32}$ ist und bei dem der Ausschnitt $0{,}091\,D$ beträgt, einen Flächendruck von $0{,}347$ kg/cm² ausübt.

Die Spannung k_b in Betrieb ist 1000 kg/cm², beim Überstreifen 1460 kg/cm².
Dabei ist vorausgesetzt, daß die Kräfte Q, die zum Auseinanderziehen des Ringes
erforderlich sind, unter einem Winkel von ungefähr 30° wirken. Wächst dieser
Winkel, so wächst auch die Beanspruchung des Ringes und beträgt für $\gamma = 90°$
fast das 1,5 fache des angegebenen Wertes.[1]) Für Ringe mit abnehmender Stärke
treten etwas geringere Spannungen auf, da der innere Durchmesser größer und
die beim Überstreifen vorzunehmende Formänderung kleiner ist.

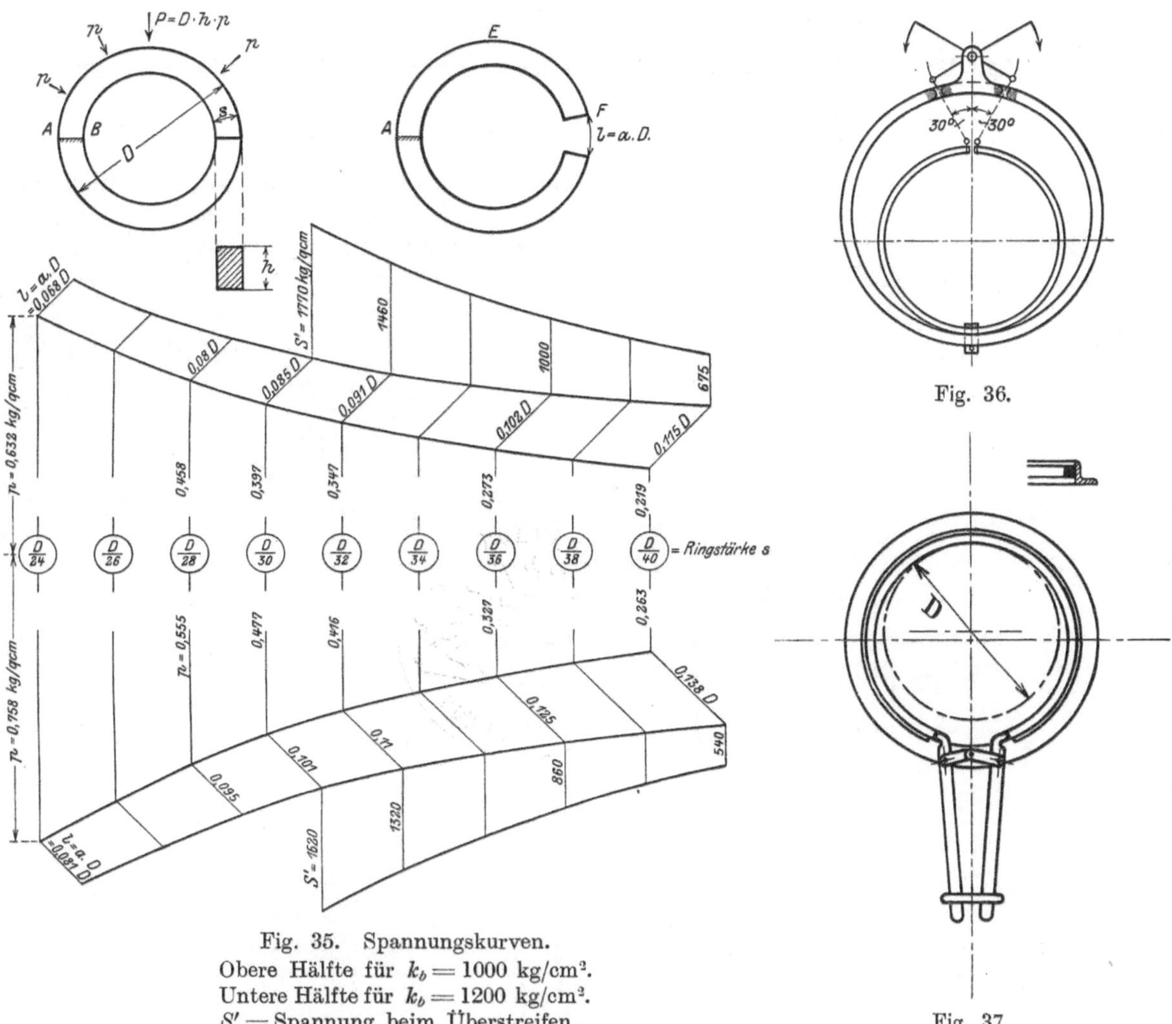

Fig. 35. Spannungskurven.
Obere Hälfte für $k_b = 1000$ kg/cm².
Untere Hälfte für $k_b = 1200$ kg/cm².
$S' =$ Spannung beim Überstreifen.

Fig. 36.

Fig. 37.

Das Einbringen der Ringe muß mit großer Vorsicht geschehen. Zu empfehlen
sind besondere Vorrichtungen, die ein zu starkes Aufspreizen der Ringe verhindern und die bewirken, daß die Ringenden unter einem Winkel von $\sim 30°$ aus-
einandergezogen werden. Dieser Bedingung genügt vollkommen wohl nur die
Einrichtung nach Fig. 36, während Zangen nach Fig. 37, welche die Ringenden

---

[1]) Nach Ensslin (Elastizitätslehre für Ingenieure) ist für $\gamma = 90°$ und für eine Aufbiegung u
(vom spannungslosen Zustand aus gemessen) die Spannung $\sigma_b = \dfrac{s}{r_m{}^2} \cdot \dfrac{u}{3\,\alpha\,\pi}$ $\left(r_m = \text{mittlerer Halb-}\right.$
messer des Ringes, $\alpha = \dfrac{1}{800\,000}\Big)$. Siehe auch die Arbeiten von Bantlin, Tolle, Pfleiderer und
Baumann über die Spannungen in gekrümmten Trägern. Z. 1901, 1903, 1907, 1908 und 1910.

auseinanderdrücken, zwar ein zu weites Aufbiegen unmöglich machen, aber einen Druck unter dem Winkel $\gamma = 90$ äußern. Aus Fig. 35 geht auch hervor, daß bei stärkeren Ringen und bei Ringen, die eine geringe Flächenpressung ausüben sollen, bei denen der Ausschnitt also verhältnismäßig klein ist, die Beanspruchung beim Montieren unzulässige Werte annimmt. Solche Ringe, sowie Ringe von kleinem Durchmesser, können also nur bei Kolben mit Deckel verwandt werden (Fig. 38), bei denen die Ringe nicht übergestreift, sondern eingelegt werden.

b) Einteilige, federnde Ringe mit verstärkter Federung und mehrteilige Liderungsringe.

Aus den früheren Darlegungen geht hervor, daß wirklich gut und dauernd abdichtende Ringe schwer herzustellen sind und daß sie durch fehlerhafte Behandlung beim Einsetzen oder Ausbauen leicht beschädigt werden können. Auch verringert sich die Federkraft häufig im Betrieb. Die Ursache dafür dürfte außer in der Abnutzung, in Temperaturspannungen zu suchen sein, die infolge der Reibungswärme an der Ringoberfläche auftreten.

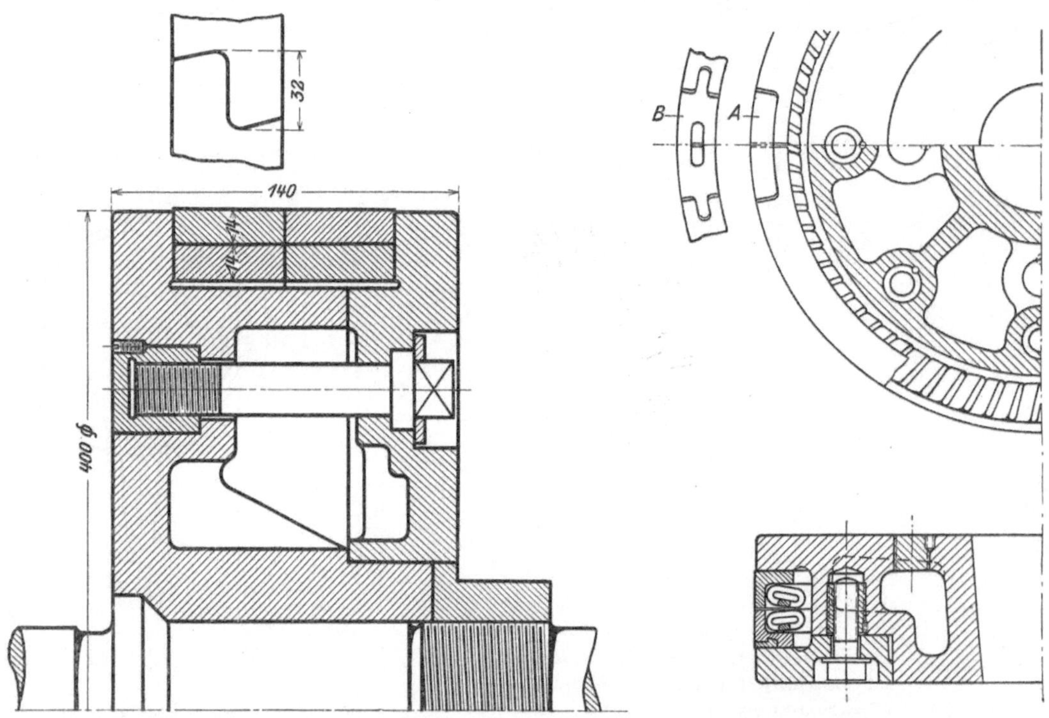

Fig. 38.   Hochdruckkolben.
(M. A. H. Tschentschel, Breslau.)

Fig. 39 und 40.   Buckley - Liderung.
(C. Morrison, Hamburg.)

Trotzdem müssen gute Selbstspanner als die beste Liderung bezeichnet werden und alle Versuche, die erwähnten Nachteile zu vermeiden, führen zu mehr oder weniger verwickelten, teueren Konstruktionen, deren Betriebssicherheit oft zu wünschen übrig läßt. Es sollen daher hier nur ganz wenige und möglichst einfache, bewährte Ausführungen besprochen werden.

Fig. 38. Hinter den gußeisernen Kolbenringen liegen Federringe aus Gußeisen oder Stahl. Solche Federringe sind auch zu empfehlen für Kolbenringe aus Rotguß, Hartgummi usw., die sonst die Zylinderwand mit ungenügender Pressung berühren würden (vgl. Fig. 107 und 131).

Fig. 39 und 40. „Buckley“-Dampfkolbenliderung (C. Morrison, Hamburg).
Die Ausführung ist für hohe Dampfspannungen bestimmt. Die beiden gußeisernen

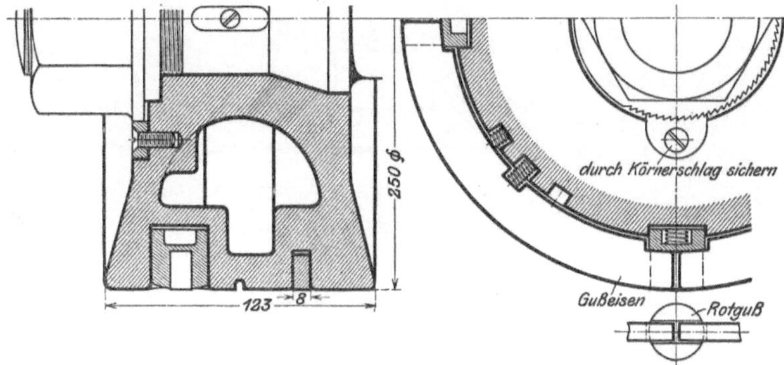

Fig. 41 und 42. Hochdruckkolben mit Dichtungsringen Patent Schmeck. (Hannoversche M. A.-G.)

Laufringe werden durch zwei oval-gewundene Spannfedern nach außen und gegen
die Seitenflächen des Kolbenkörpers gedrückt. Den Verschluß an der Stoßstelle

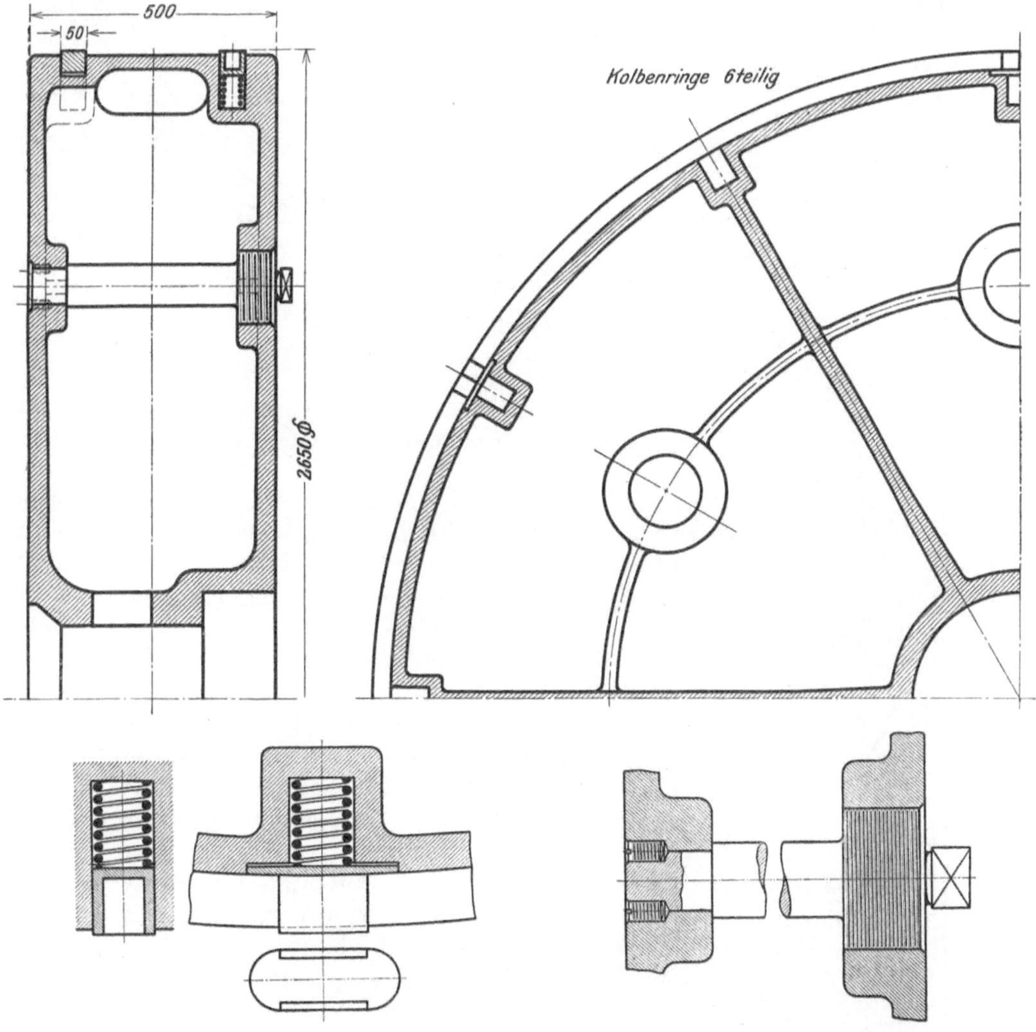

Fig. 43 bis 46. Gebläsekolben. (Friedrich-Wilhelmshütte, Mülheim a/Ruhr.)

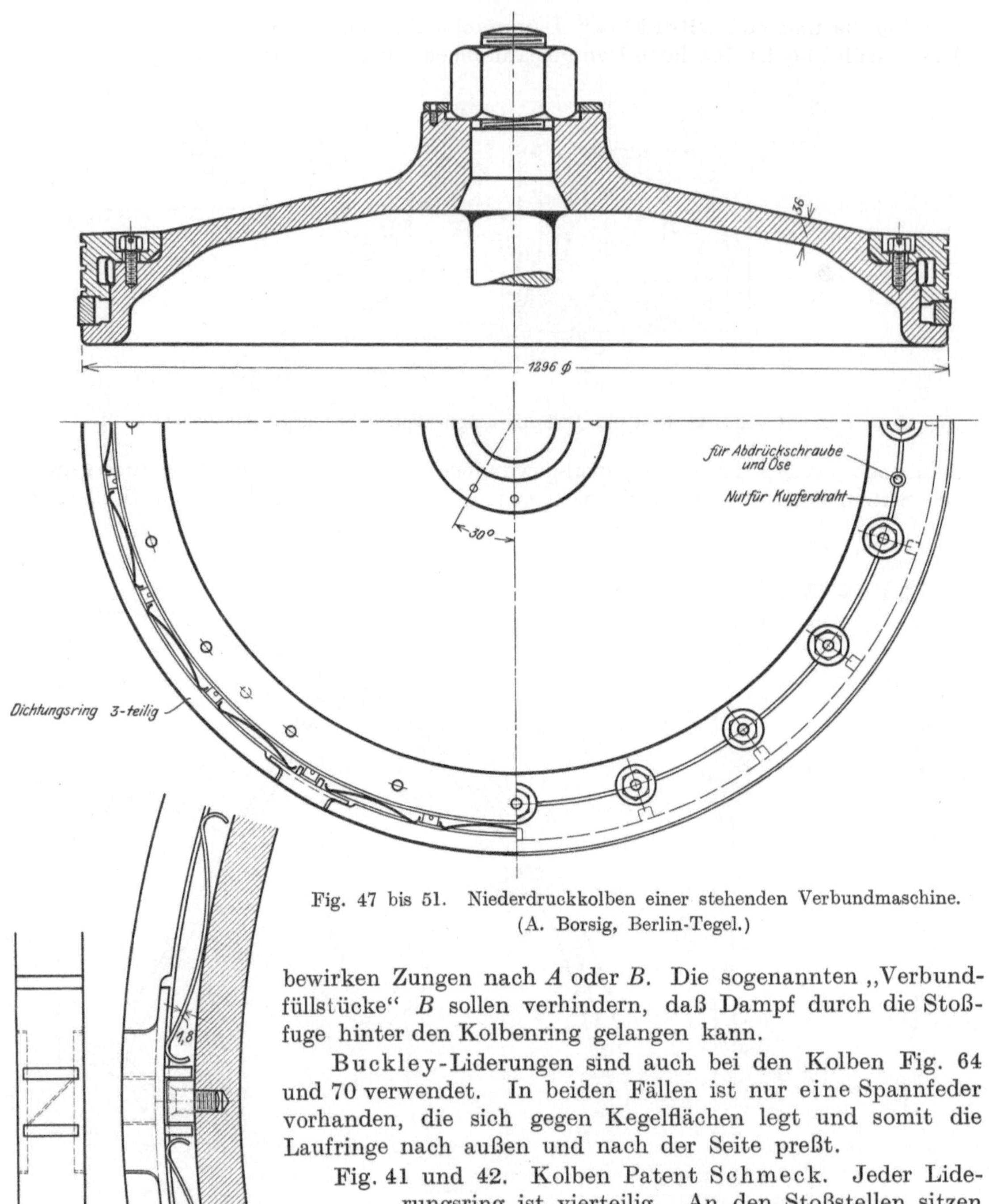

Fig. 47 bis 51. Niederdruckkolben einer stehenden Verbundmaschine.
(A. Borsig, Berlin-Tegel.)

bewirken Zungen nach *A* oder *B*. Die sogenannten „Verbund-füllstücke" *B* sollen verhindern, daß Dampf durch die Stoß-fuge hinter den Kolbenring gelangen kann.

Buckley-Liderungen sind auch bei den Kolben Fig. 64 und 70 verwendet. In beiden Fällen ist nur eine Spannfeder vorhanden, die sich gegen Kegelflächen legt und somit die Laufringe nach außen und nach der Seite preßt.

Fig. 41 und 42. Kolben Patent Schmeck. Jeder Lide-rungsring ist vierteilig. An den Stoßstellen sitzen zylindrische Rotgußbüchsen, der erforderliche Dich-tungsdruck wird von kleinen Schraubenfedern er-zeugt.

Fig. 43 bis 46. Die Liderungsringe sind sechs-teilig. Die Enden sind in Verschlußstücke eingepaßt, deren Breite der Ringbreite entspricht. Der Druck, den die Federn in gespanntem Zustand zu äußern haben, wird natürlich vorgeschrieben. Soll bei dem gezeichneten Kolben die Pressung zwischen Kolbenring und Zylinderwand 0,1 kg/cm² betragen, so muß jede Feder einen Druck von 70 kg ausüben.

Fig. 47 und 48. Der Kolbenring besteht aus drei Teilen, die schräg gestoßen sind. Die Anpressung bewirken flache Federn, die durch Knaggen am Wandern gehindert werden; auch unter den Ringschlössern sitzen solche Knaggen, die durch Schrauben gehalten werden. Die Schrauben sind durch Splinte zu sichern. Sollen 21 Federn den Ring mit 0,3 kg/cm² anpressen, so muß jede Feder mit $23^1/_2$ kg gespannt werden.

3. Verbindung des Kolbens mit der Stange.

In fast allen Fällen ist die Stange mit Konus in die Kolbennabe eingepaßt. Der halbe Winkel an der Kegelspitze beträgt meist 30° bis 45°, da bei kleinerem Winkel leicht ein Festsetzen der Stange eintritt und das Demontieren erschwert wird. Allerdings bewirken schlankere Konen, z. B. nach Fig. 67 oder 85, ein besseres Zentrieren.

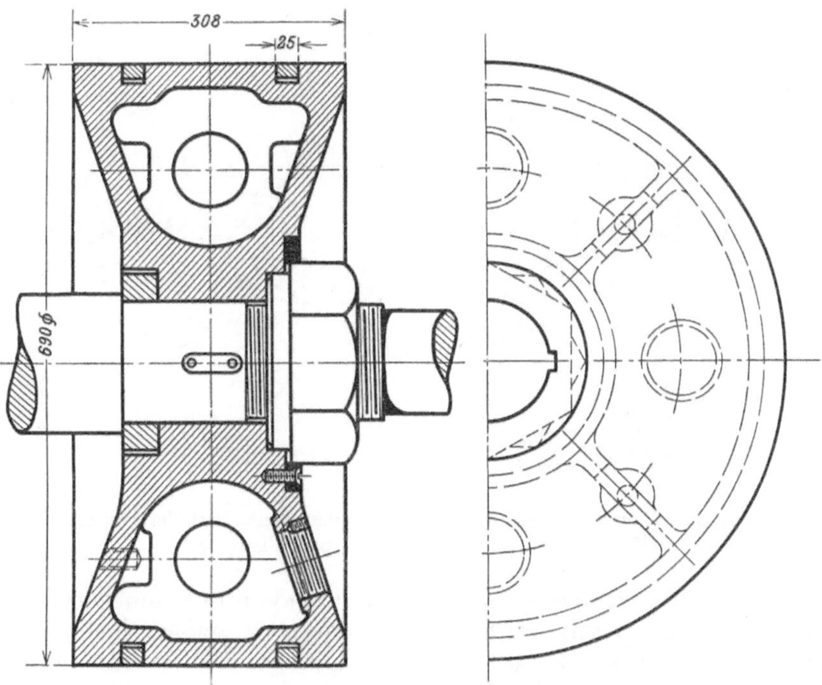

Fig. 52 und 53. Hochdruckkolben einer liegenden Einkurbel-Verbundmaschine.
(M. A.-G. vorm. Swiderski, Leipzig-Plagwitz.)

Konen nach Fig. 38, 41, 47 usw. verlangen fast immer ein Verstärken der Stange. Soll dies aus Herstellungsgründen vermieden werden oder sollen einteilige Stopfbüchsenringe usw. vom Kolbenende her übergeschoben werden, so muß die Stange abgesetzt werden (Fig. 52, 54, 83). Man wird dann meist genau passende Stahlringe einlegen, die den Druck der Stange aufnehmen und auf den Kolbenkörper übertragen. Eine Stange mit einem festen zylindrischen Bund zeigt die Fig. 81. Die Kolbenstangen-Mutter ist stets gegen Losdrehen zu sichern, z. B. durch Splint oder Keil, Sicherungsplatte (Fig. 41, 47, 54, 58), Sicherungsschraube (Fig. 78), durch eine am Drehen gehinderte Unterlagsscheibe aus Kupfer oder weichem Schmiedeeisen, die auf einer Seite aufgebogen wird und die Mutter festhält usw.

Die Schrauben zum Festhalten der Sicherungen und die Befestigungsschrauben der Deckel oder Ringträger müssen ebenfalls gesichert werden. Bei kleinen Schrauben mit versenkten Köpfen (Fig. 41, 52, 54) muß man sich mit einem kräftigen Körnerschlag begnügen oder man stellt eine Kerbe her, in die man den Schraubenkopf hineinhämmert. Größere Schrauben (und Muttern) werden am besten durch einen Draht gesichert, der von einer Schraube zur anderen geführt wird (Fig. 47, 74 u. f.). In Fig. 64 liegen federnde Ringe aus Stahldraht über den Schraubenköpfen, während in Fig. 70 nur Unterlagsscheiben aus weichem Kupfer zur Anwendung kommen. Wird die Schraube kräftig angezogen, so drückt sie sich etwas in die Kupferscheibe ein und haftet fest an ihr.

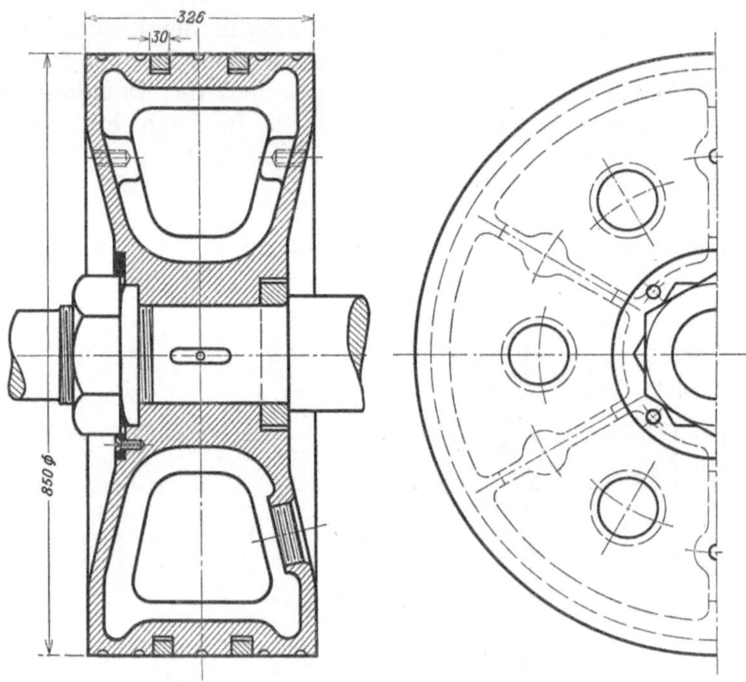

Fig. 54 und 55. Niederdruckkolben einer liegenden Einkurbel-Verbundmaschine.
(M. A.-G. vorm. Swiderski, Leipzig-Plagwitz.)

Besondere Sorgfalt wendet man der Sicherung von Lokomotivkolben zu. Die Verbindung dieser Kolben mit der Stange ist dann oft schwer löslich. So ist bei Fig. 59 die Stange mit schwach konischem Gewinde eingeschraubt und dann vernietet; bei Fig. 62 ist die Stange ebenfalls eingeschraubt und vernietet. Vor dem Vernieten hat sie die strichpunktiert angegebene Form. Bei Ausführung nach Fig. 61 wird der Konus des Kolbens und der Stange genau zusammengepaßt, aber derart, daß der Stangenbund etwa 20 mm von der Kolbennabe absteht. Dann wird die Kolbennabe angewärmt und die Stange mit Hilfe der Mutter fest aufgezogen. Der vorstehende und etwas unterdrehte Teil des Gewindes wird außerdem noch verstemmt.

4. Form des Kolbenkörpers.

Man unterscheidet einwandige und doppelwandige Kolben, auch „Hohlkolben" genannt. In beiden Fällen kann der Kolbenkörper ein- oder mehrteilig sein. Die einwandigen Kolben, die etwas leichter ausfallen als die doppelwandigen, werden für Maschinen mit hoher Kolbengeschwindigkeit verwendet, namentlich für Lokomotiven, Schiffsmaschinen und stehende Schnell-Läufer.

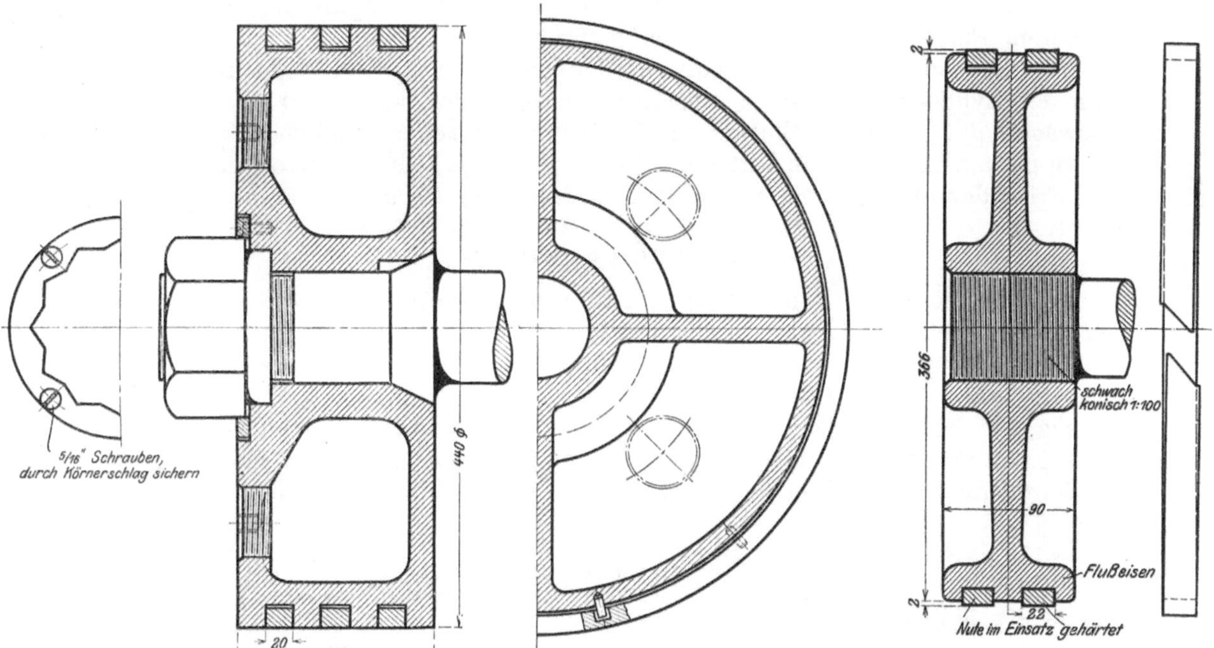

Fig. 56 bis 58.   Kolben von A. Borsig, Berlin-Tegel.

Fig. 59 und 60.   Lokomotivkolben.   (A.-G. Hohenzollern, Düsseldorf.)

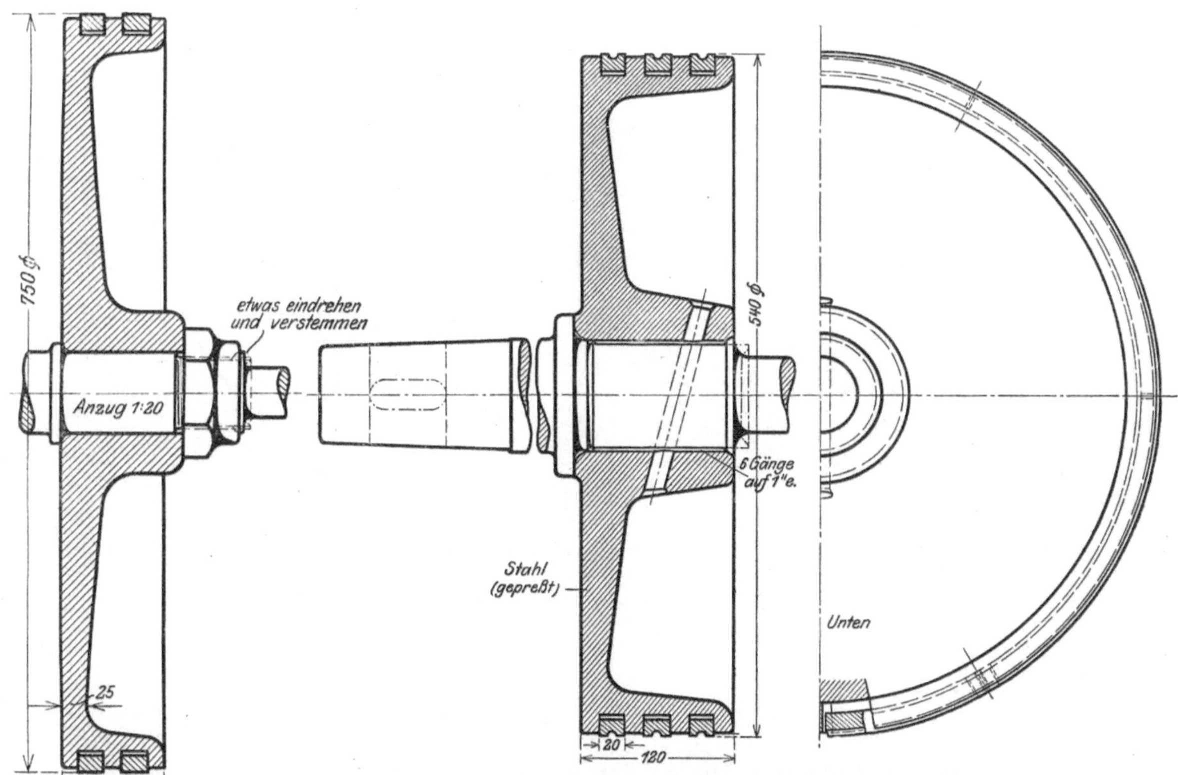

Fig. 61. Niederdruckkolben einer Lokomotivmaschine. (A.-G. Hohenzollern, Düsseldorf.)

Fig. 62 und 63. Kolben einer Heißdampflokomotive. (A.-G. Hohenzollern, Düsseldorf.)

Der Kolbenkörper besteht dann meist aus Stahlformguß, oder er wird aus weicherem Flußstahl geschmiedet oder gepreßt.

Für stehende Maschinen erhält der Kolben oft Kegel- oder Glockenform, weil dann der Zylinder unten bequemer entwässert werden kann und oben das Kondenswasser gut abfließt. Einwandige Kolben verursachen größere Wärmeverluste, als doppelwandige, da während der Füllung die eine Seite der Kolbenscheibe mit dem Frischdampf, die andere mit dem Abdampf in Berührung steht.

Einwandige Kolben.

Fig. 59 und 60. Kolben einer Sattdampflokomotive. Der Kolben ist aus Flußeisen gepreßt, die Nuten sind im Einsatz gehärtet. Die Kolbenringe sind seitlich nach einer Schraubenlinie von 4 mm Ganghöhe gedreht, federn also auch etwas in achsialer Richtung.

Fig. 61. Niederdruckkolben einer Lokomotivmaschine, aus Flußstahl gepreßt.

Fig. 62 und 63. Kolben einer Heißdampflokomotive. Die Kolbenringe sind mit Schmiernuten versehen und nach Fig. 19 gegen Drehen gesichert.

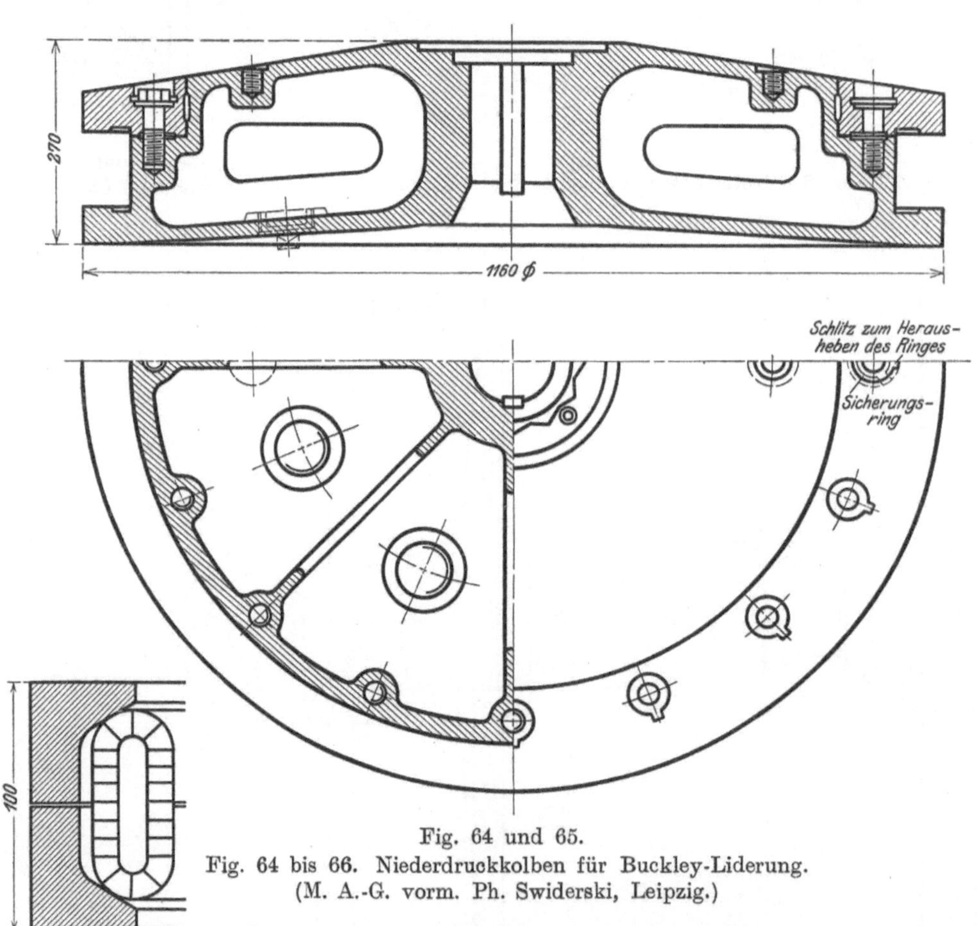

Fig. 64 und 65.

Fig. 64 bis 66. Niederdruckkolben für Buckley-Liderung.
(M. A.-G. vorm. Ph. Swiderski, Leipzig.)

Fig. 66.

Fig. 47—51. Niederdruckkolben einer stehenden Maschine für 1300 mm Zylinderdurchmesser. Der Körper ist aus Stahlguß, der Kranz aus Gußeisen. Die Abdichtung bewirkt ein einziger, dreiteiliger Ring.

Der Kolbenkörper ist im Durchmesser um 4 mm, der Kranz um $1^1/_2$ mm kleiner als der Zylinderdurchmesser, so daß der Stahlgußteil nie die Wandung berühren kann. Der Kranz ist mit 4 Rillen (Labyrinthdichtung) versehen.

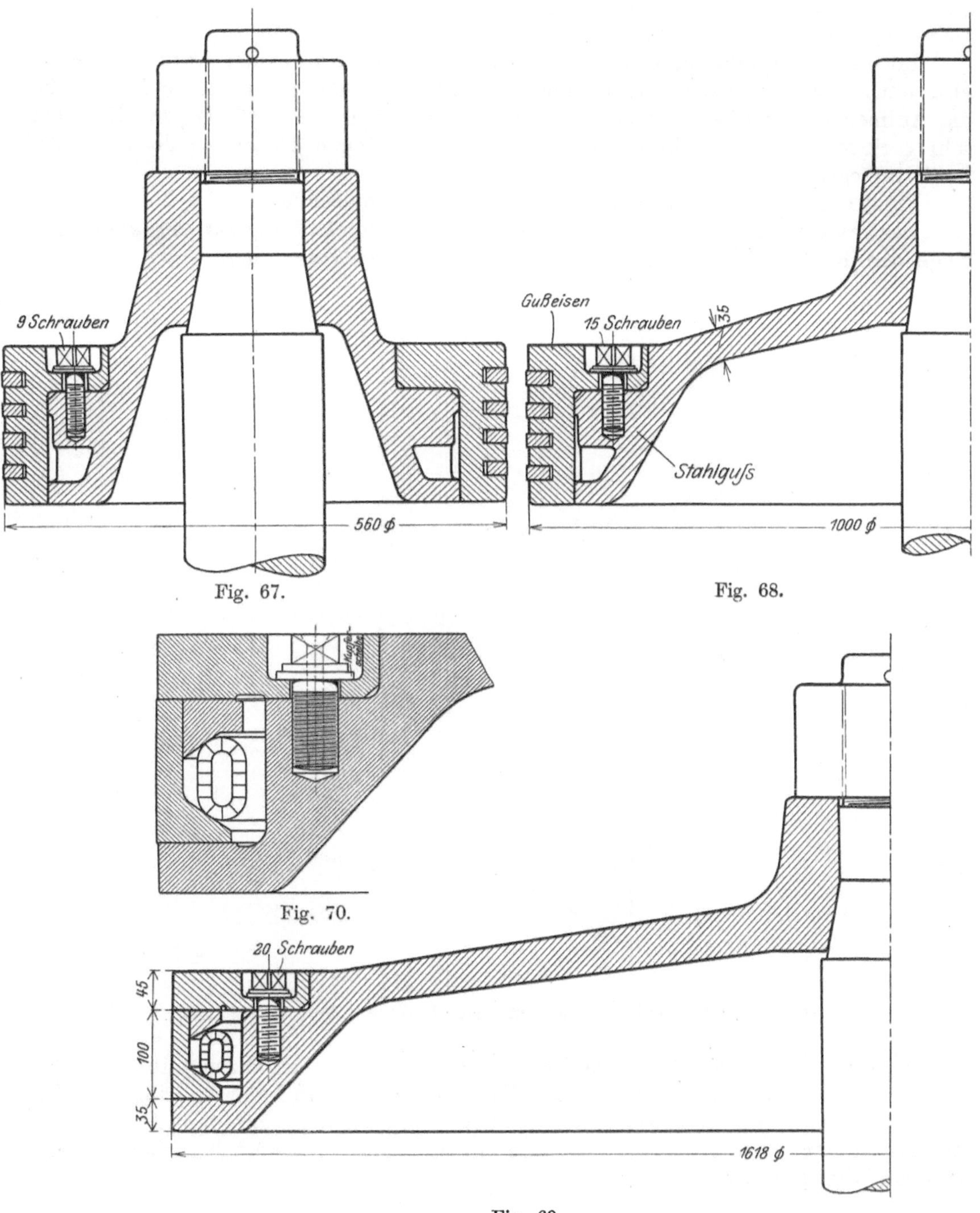

Fig. 67 bis 70. Hoch-, Mittel- und Niederdruckkolben einer stehenden Schiffsmaschine.
(Reiherstiegwerft.)

Fig. 67—69. Hoch-, Mittel- und Niederdruckkolben einer Schiffsmaschine.
Die Kolbenkörper sind aus Stahlguß, die Ringträger aus Gußeisen. Der Niederdruckkolben hat Buckley-Liderungsringe nach Fig. 70. Die $1^1/_4''$-Schrauben zum Niederhalten des Deckels sind durchbohrt, in die Bohrung ist ein Stift eingezogen, der die Schraube zusammenhält, falls sie im Gewinde reißen sollte.

Kolben mit Deckel.

Bei dieser Anordnung können die Liderungsringe eingelegt werden. Sie ist also am Platze für Ringe von kleinem Durchmesser oder für stärkere Ringe, die das Aufbiegen und Überschieben nicht aushalten würden oder für Ringe, die einen sehr geringen Ausschnitt besitzen, also mit sehr geringem Druck an der Zylinderwand anliegen.

Fig. 71 u. 72. Kolben einer kleinen Lokomotivmaschine.

Der Deckel wird nur von der Stangenmutter festgehalten. Da die Liderungsringe den Kolbenkörper tragen müssen, sind Beilagen vorgesehen.

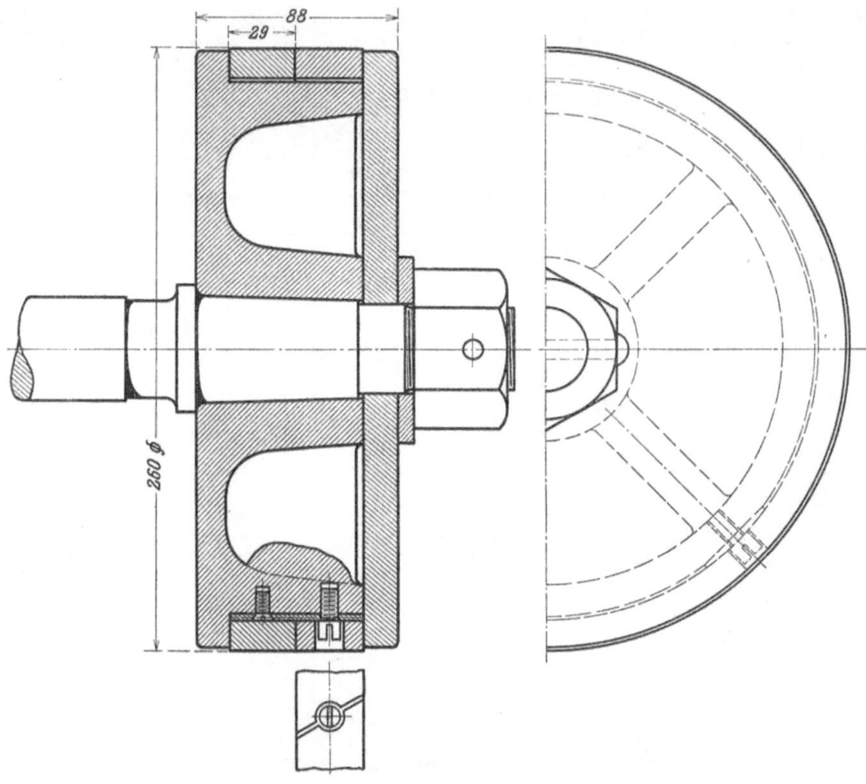

Fig. 71 und 72. Lokomotivkolben. (A.-G. Hohenzollern, Düsseldorf.)

Fig. 38. Zum Befestigen des Deckels dienen Schraubenbolzen mit Vierkantköpfen und runde Rotgußmuttern. Hinter den gußeisernen Liderungsringen liegen noch Spannringe aus Gußeisen, die nicht der Abnutzung und dem Einfluß der Reibung unterworfen sind, die also ihre Spannung unverändert beibehalten (vgl. auch die Fig. 192, 193, 197 u. f.).

Doppelwandige Kolben.

Bei den doppelwandigen Kolben liegender Maschinen lassen sich drei Grundformen unterscheiden, je nachdem die seitlichen Kolbenwände parallel laufen (z. B. Fig. 56), sich nach außen kegelförmig erweitern (z. B. Fig. 52) oder sich einander nähern (z. B. Fig. 145).

Die Form nach Fig. 145 eignet sich nur für Schwebekolben und ist im Dampfmaschinenbau wenig üblich, während Kolben, die auf der Zylinderwand schleifen, nach der ersten oder zweiten Form zu gestalten sind. Bei Fig. 52 wird die Baulänge des Zylinders zwischen den Stopfbüchsen etwas kürzer als bei Kolben nach Fig. 56, die Dampfströmung ist günstiger, der schädliche Raum und die Abkühlungsflächen sind allerdings etwas größer.

Fig. 73—75. Man beachte die Form der Rippen und die Nut für die Dichtungsringe, die am Grunde unterdreht ist, um die Seitenflächen schleifen zu können (s. auch Fig. 78).

Bei beiden Kolben sind Muttergewinde für Ösenschrauben vorgesehen.[1]) An den Ösen-

---

[1]) Um jene Stellen, die nachträglich mit Muttergewinde für die Ösenschrauben zu versehen sind (Fig. 73), zu kennzeichnen, sind außen Warzen anzugießen, die später weggedreht werden; sollen schräge Wände (Fig. 52—55) parallel zur Kolbenstangenachse angebohrt werden, so liegt die Warzenoberfläche senkrecht zu dieser Achse. In Fig. 74 sitzt das Gewinde in Kernverschluß.

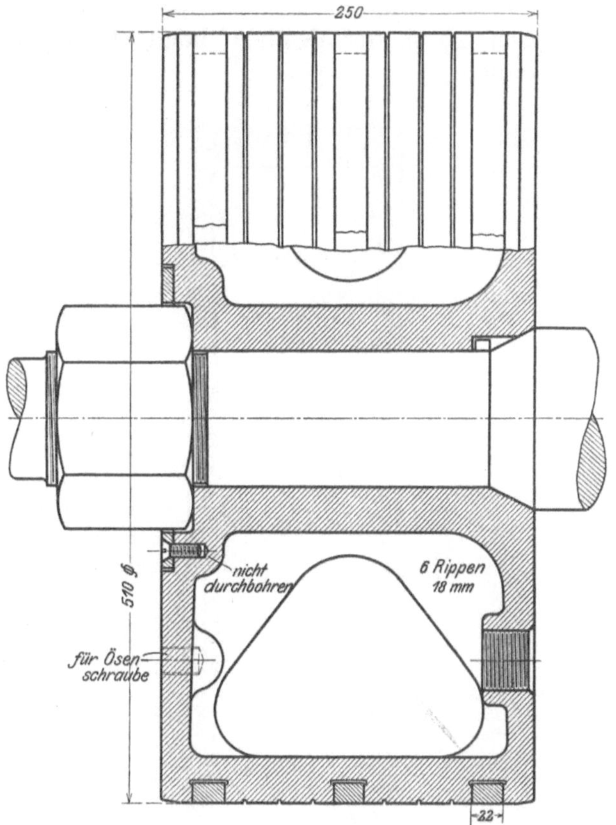

Fig. 73. Hochdruckkolben. (A. Borsig, Berlin-Tegel.)

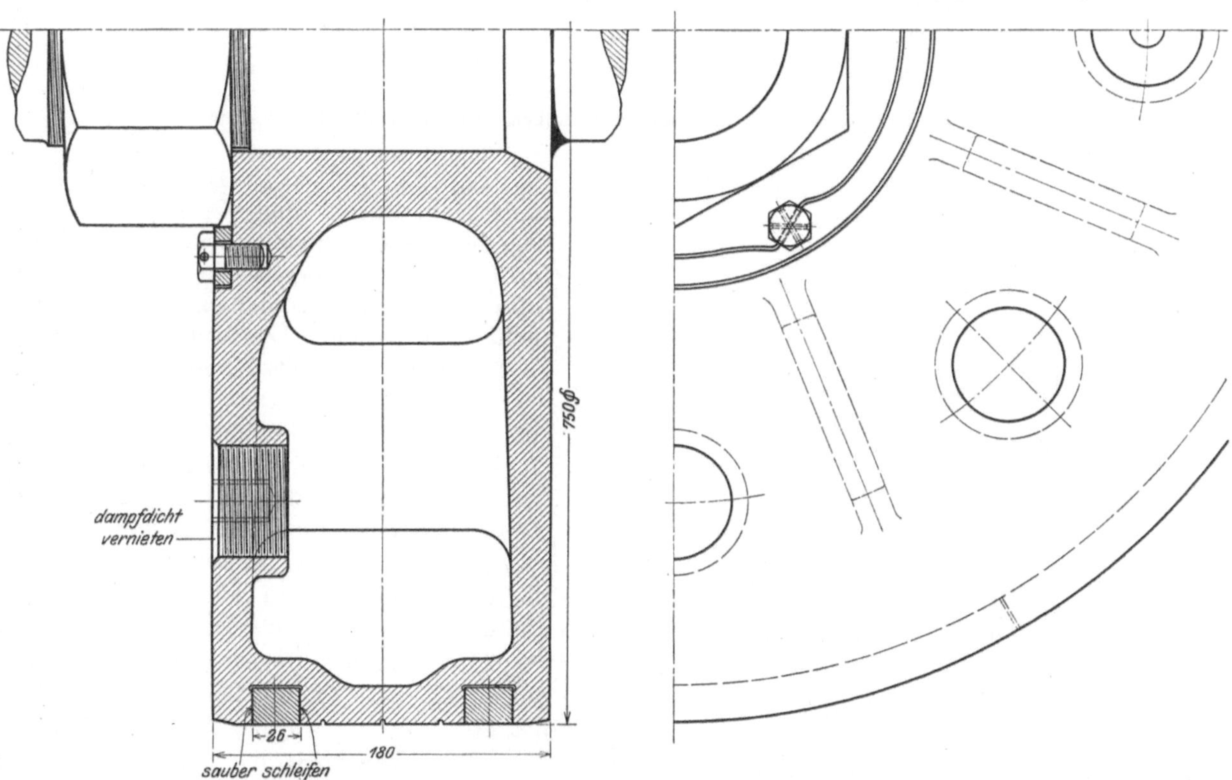

Fig. 74 und 75. Niederdruckkolben. (A. Borsig, Berlin-Tegel.)

2*

schrauben kann der Kolben beim Transport, beim Ein- und Ausbauen gefaßt werden.

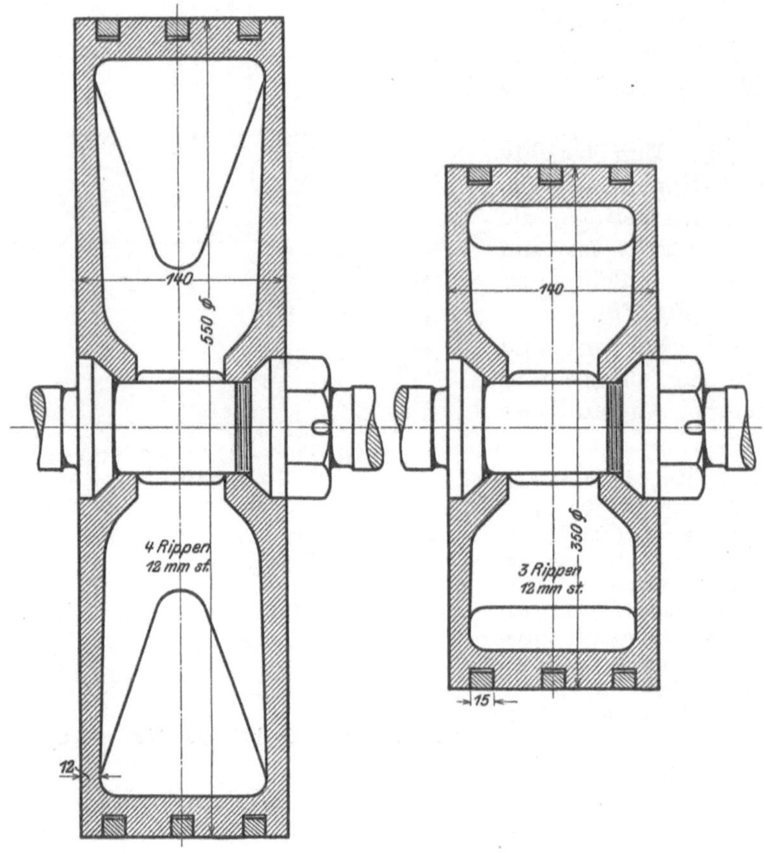

Fig. 76 und 77. Niederdruck- und Hochdruckkolben. (M. A.-G. Balcke, Bochum.)

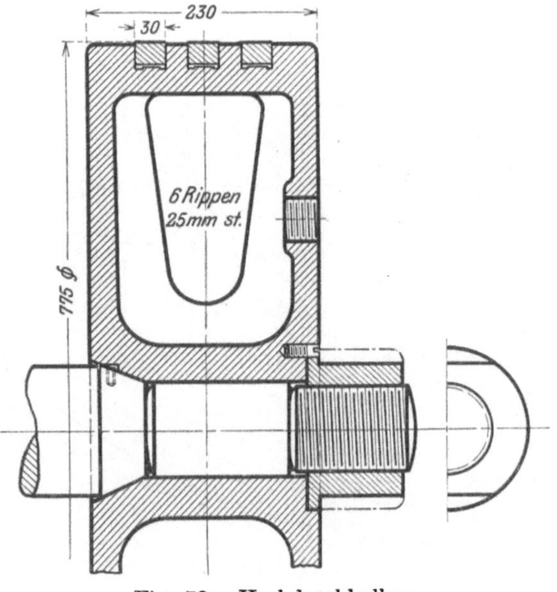

Fig. 78. Hochdruckkolben.
(Pokorny & Wittekind, Frankfurt-B.)

Fig. 76 und 77. Die Nabe läuft nicht durch, der Kern kann also durch die Stangenbohrung entfernt werden, besondere Kernöffnungen in der Kolbenwand sind nicht erforderlich. Die Mutter besitzt kegelförmige Sitzfläche.

Fig. 79 und 80. Der Kolben ist sehr schwer und ziemlich schmal. Er ist daher mit einem angegossenen Tragschuh versehen, der um 2 mm vorspringt. Der zurückspringende Teil des Kolbens, der nicht gedreht werden kann, wird auf der Stoßmaschine bearbeitet.

Man beachte ferner die Figuren 41, 42, 52 bis 55, 78, 81 bis 86.

Doppelwandige Kolben stehender Maschinen (Fig. 64,

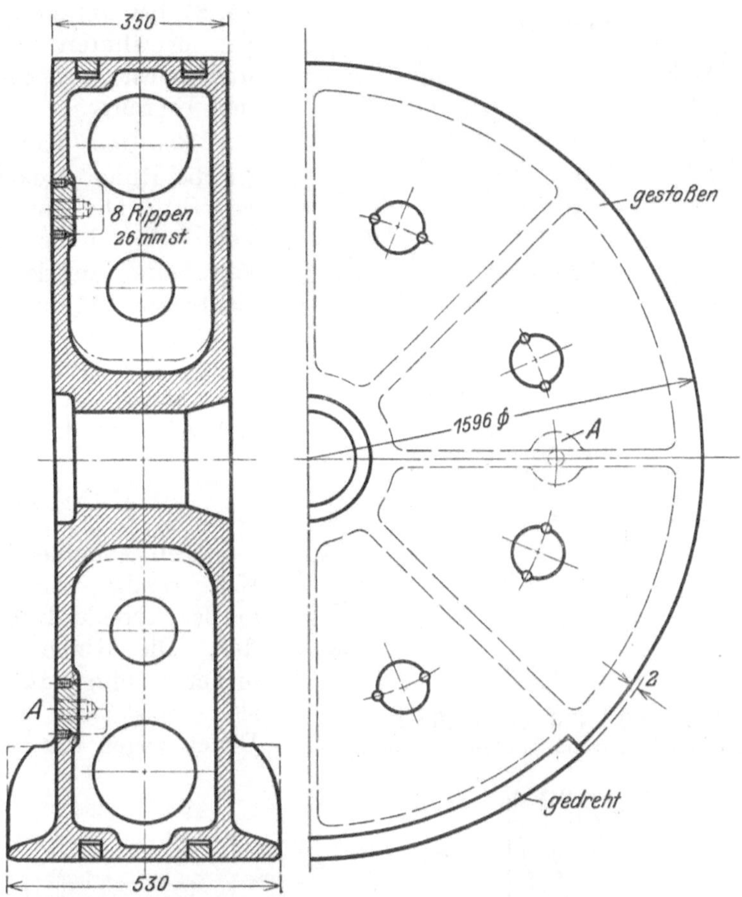

Fig. 79 und 80. Kolben mit Tragschuhen. (Maschinenfabrik Grevenbroich.)

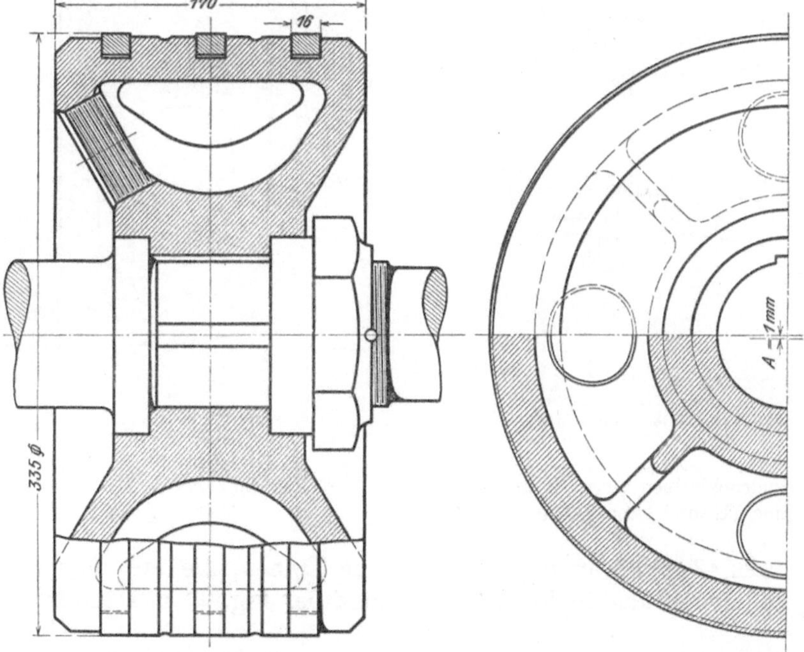

Fig. 81 und 82. Hochdruckkolben. (Schweiz. Gesellschaft für Lentzmaschinen.)

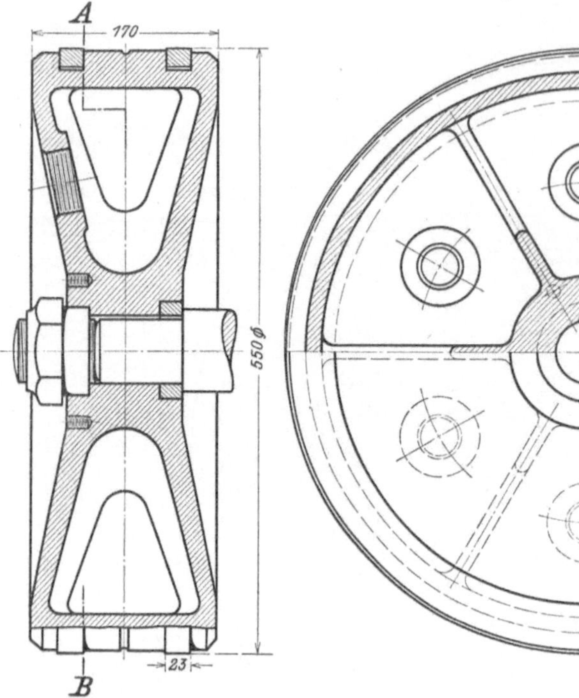

Fig. 83 und 84. Niederdruckkolben.
(Schweiz. Gesellschaft für Lentzmaschinen.)

65, 87 bis 91) sind aus den früher erwähnten Gründen oben und meist auch unten kegelförmig begrenzt.

Bei dem Kolben Fig. 89[1]) ist die Ringnut exzentrisch ausgedreht. Die überall gleichstarken Ringe haben auf der linken Seite, an der der Dampf einströmt, $1^1/_2$ mm Spiel, an der rechten legen sie sich gegen den Grund der Nut und verhindern ein Pendeln des Kolbens unter der Wirkung des Dampfstromes.

Gebläsekolben.

Gebläsekolben unterscheiden sich wenig von den Kolben großer Niederdruckdampfzylinder. Die Ringe werden etwas lockerer eingepaßt und legen sich meist nur mit geringem Druck gegen die Lauffläche.

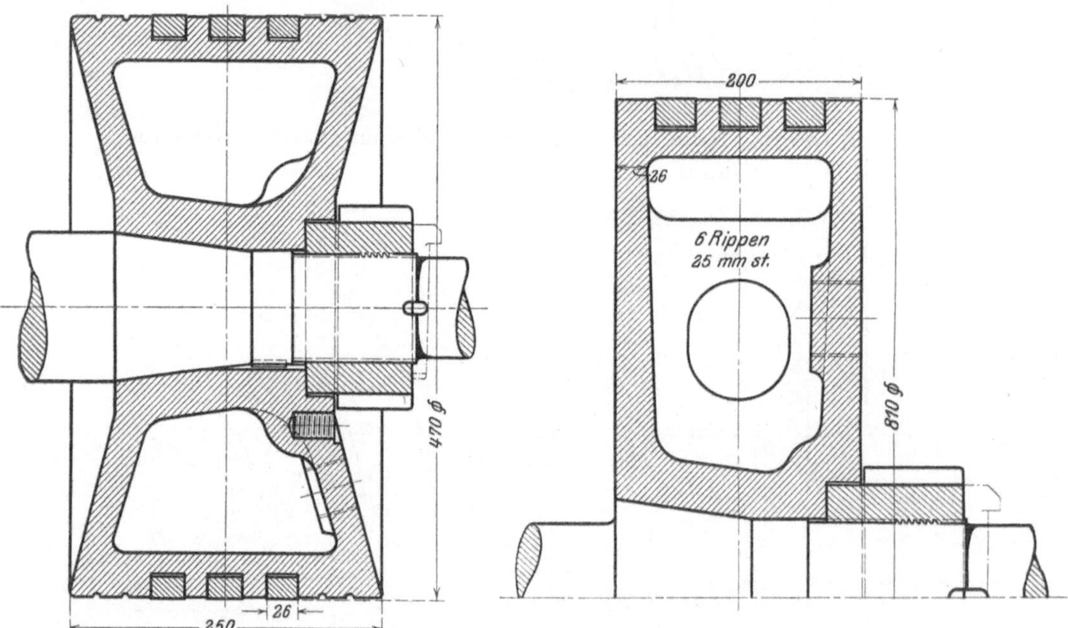

Fig. 85. Hochdruckkolben einer Einkurbel-
Verbundmaschine. (Haniel & Lueg, Düsseldorf.)

Fig. 86. Niederdruckkolben.
(Zu Fig. 85.)

Die Figuren 43, 92 bis 99 zeigen gußeiserne Kolben, die mit dem Kolbenkörper auf der Zylinderwandung schleifen. So bildet bei Fig. 95 das untere Drittel, bei

---

[1]) In Fig. 90 beträgt nicht der Zylinderdurchmesser, sondern der Durchmesser des Kolbenkörpers 449 mm.

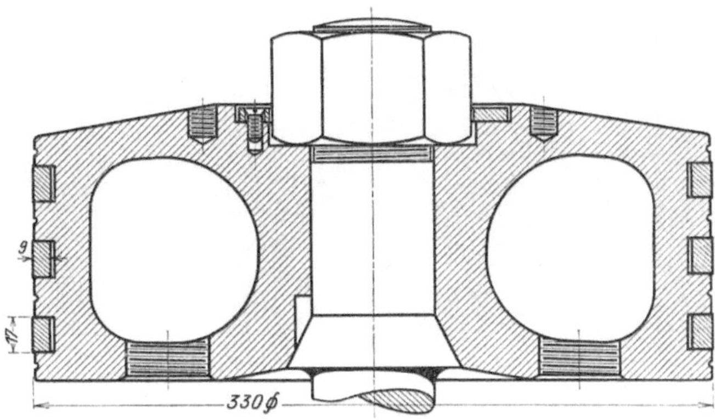

Fig. 87. Hochdruckkolben einer stehenden Verbundmaschine. (A. Borsig, Berlin-Tegel.)

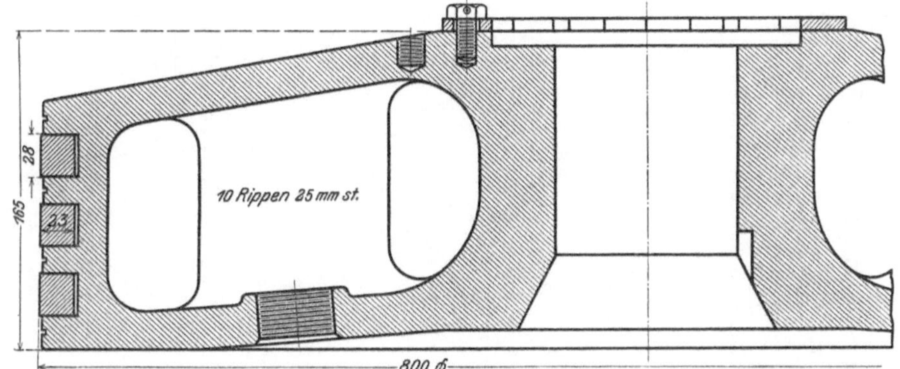

Fig. 88. Hochdruckkolben einer stehenden Verbundmaschine. (A. Borsig, Berlin-Tegel.)

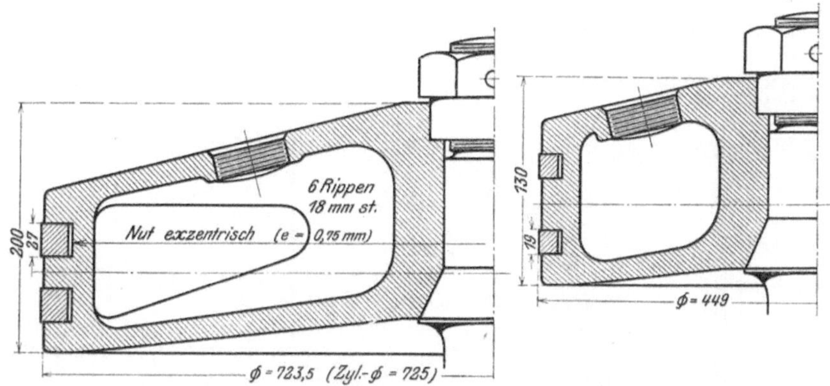

Fig. 89 und 90. Nieder- und Hochdruckkolben einer stehenden Lentzmaschine.
450 u. 725. Hub 450. (Gebr. Meer, M.-Gladbach.)

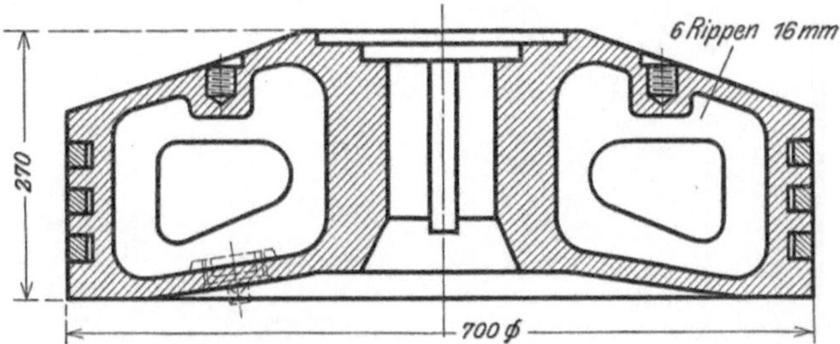

Fig. 91. Hochdruckkolben einer stehenden Maschine. (M. A.-G. vorm. Ph. Swiderski, Leipzig.)

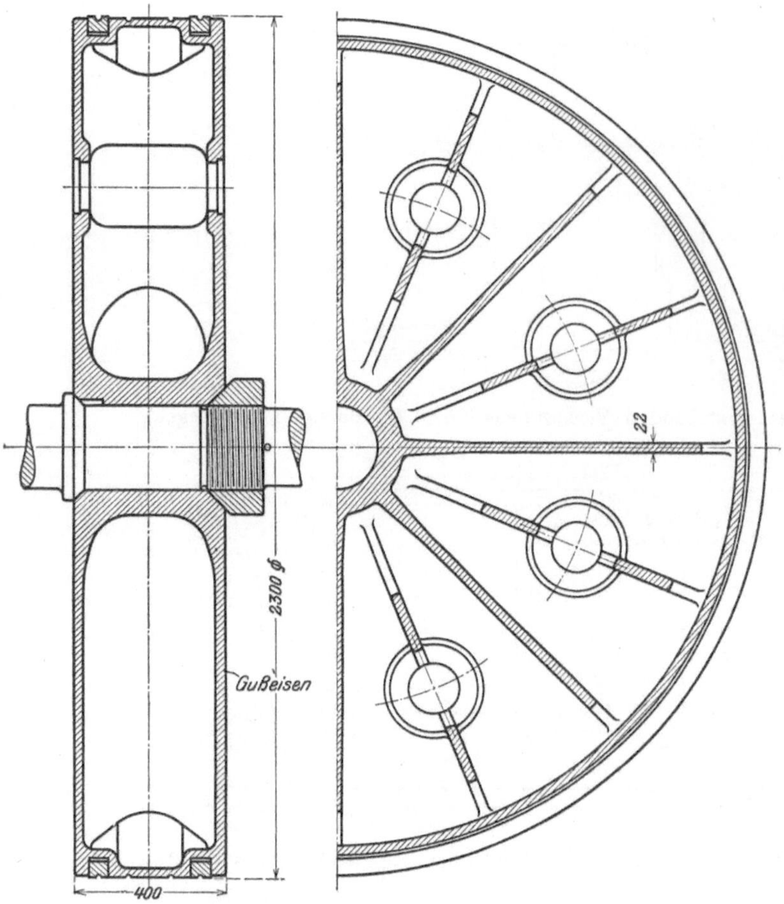

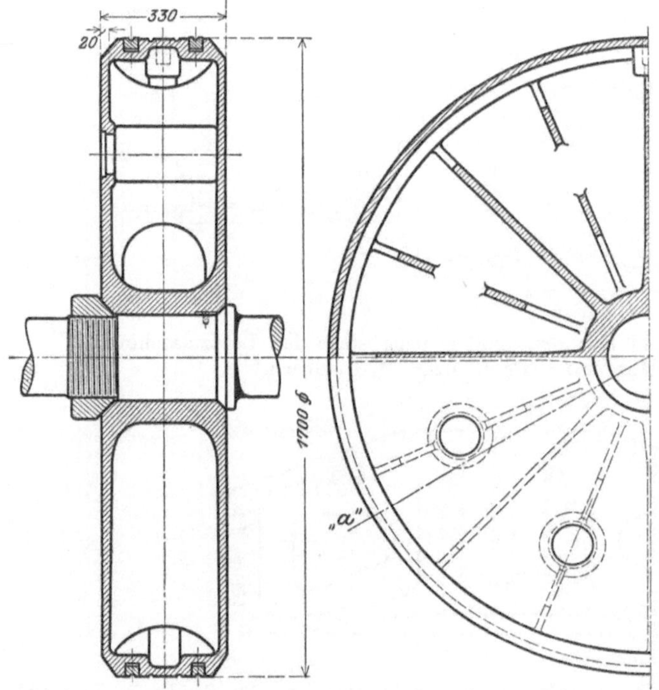

Fig. 92 und 93.

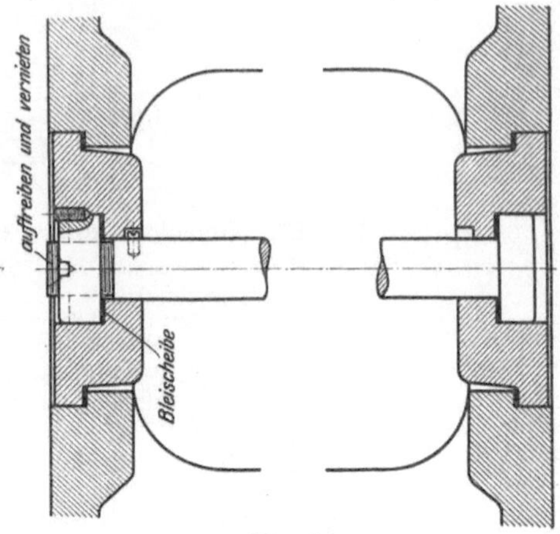

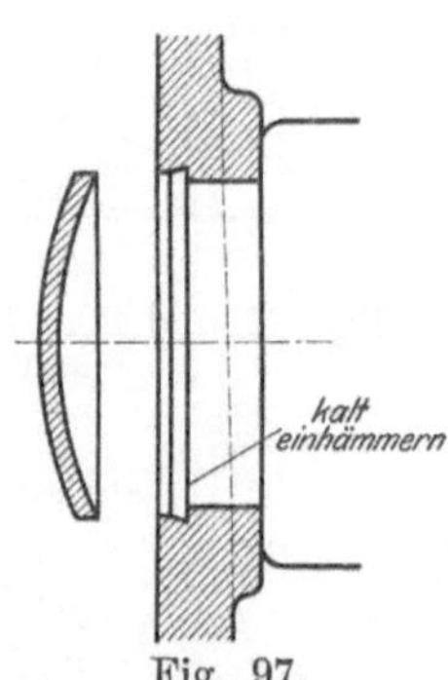

Fig. 94.

Fig. 92 bis 94. Gebläsekolben.
(Gebr. Klein, Dahlbruch.)

Fig. 95 und 96.

Fig. 97.

Fig. 95 bis 97. Gebläsekolben.
(Gebr. Klein, Dahlbruch.)

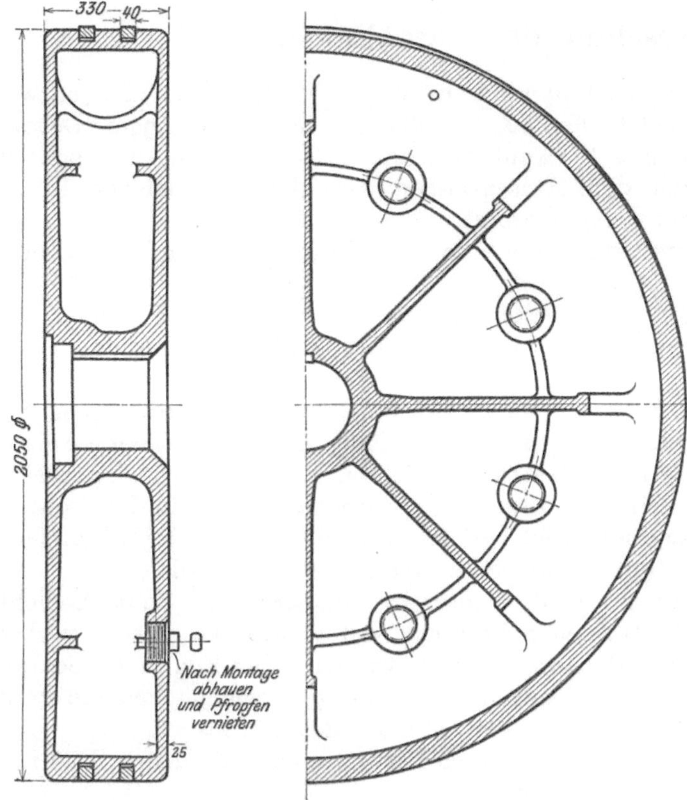

Fig. 98 und 99. Gebläsekolben. (Gutehoffnungshütte.)

„a" beginnend, die eigentliche Tragfläche. Der Kolben Fig. 98 und 99 wird zuerst auf 2050 mm Durchmesser gedreht, dann 2 mm aus Mitte gespannt und exzentrisch auf 2048 abgedreht. Das untere Drittel bleibt unberührt, oben wird bis zu 3 mm weggenommen.

Aus Fig. 100 und 101 ist ein Stahlgußkolben ersichtlich, dessen seitliche Wandstärke an der Nabe 30, am Kranz 16 mm beträgt. Der Kolbenkörper, der die Lauffläche nicht berühren darf, wird von den Ringen getragen. Zu diesem Zwecke werden Blechbeilagen eingelegt, deren Befestigung Fig. 102 zeigt. Man gibt so viele Bleche von $^2/_{10}$ mm Stärke zu, bis die Kolbenmitte mit der Zylindermitte übereinstimmt.

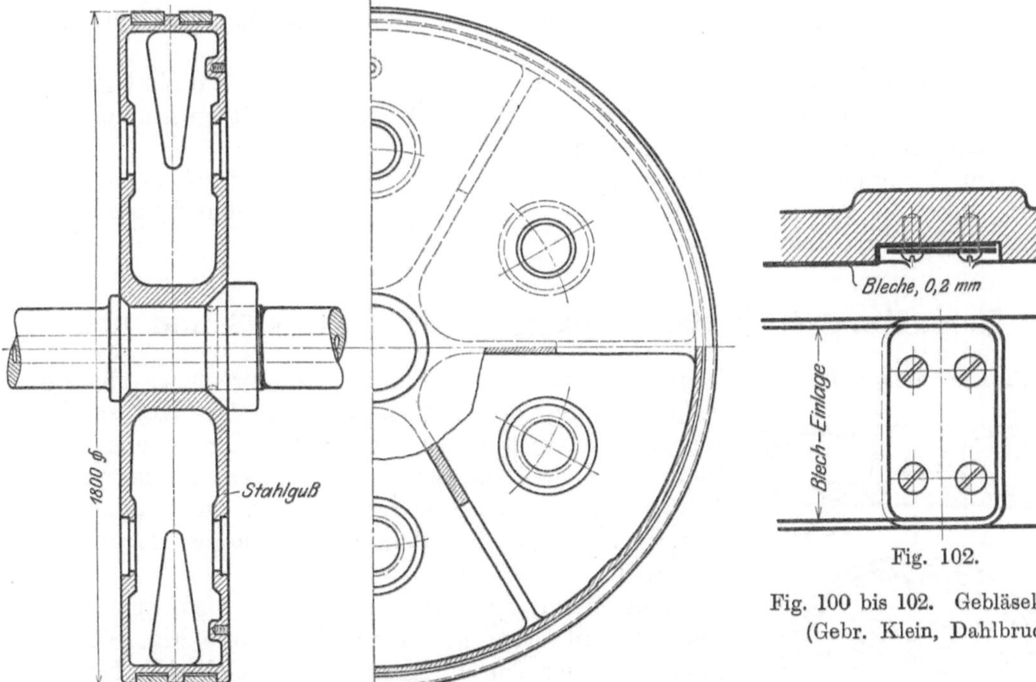

Fig. 100 und 101.

Fig. 102.

Fig. 100 bis 102. Gebläsekolben.
(Gebr. Klein, Dahlbruch.)

5. Verschluß der Kernöffnungen.

Die Kernlöcher werden meist dampfdicht verschraubt, wobei man entweder Stopfen mit Vierkant verwendet (Fig. 89, 91, 98 u. f.), oder eine längere Gewindestange, die an einem Ende mit Vierkant versehen ist und die für drei oder vier Verschlüsse ausreicht. Nach dem Einschrauben wird der überstehende Teil der Stange an einer Unterdrehung abgeschrotet.

Die Stopfen werden verstemmt, zuweilen auch durch eine Schraube gesichert (Fig. 52).

Größere Kernlochstopfen gußeiserner Kolben machen manche Firmen ebenfalls aus Gußeisen, um Spannungen durch ungleiche Materialausdehnung zu vermeiden.

Bei Fig. 43 erhält das Kernloch feines Gewinde und wird durch einen Stehbolzen verschlossen, der gleichzeitig zur Versteifung der Kolbenwände beiträgt. Das Vierkant wird natürlich nach dem dampfdichten Einschrauben abgefräst.

Der Stehbolzen ist an seinem unteren Ende verbohrt, um ein Losdrehen zu verhindern. Der Kolben Fig. 79 und 80 besitzt schwach konische Verschlußdeckel, die kräftig eingetrieben und durch zwei Schrauben gesichert werden.

Die Kernlochdeckel Fig. 92 sind beiderseits angeordnet. Zum Abdichten dienen Bleischeiben, zum Festhalten Schrauben, deren Muttern zuerst verbohrt und dann durch Umnieten des Bolzens gesichert werden. Der Zug in der Schraube erhöht die Beanspruchung der Kolbenwände. Hingegen ermöglichen die großen Kernöffnungen oben und unten ein sicheres Stützen des Kernes.

Nach Fig. 97 wird ein Deckel aus weichem Flußeisen eingehämmert. Das Kernloch ist schwalbenschwanzförmig ausgedreht.

Einige Firmen vermeiden die Kernlochöffnungen in der Kolbenwand und verlegen sie in die Kolbennabe (Fig. 76 und 77).

Der Kern muß dann — sofern man nicht allzuviele Kernstützen einlegen will, die mitunter doch undichte Stellen verursachen — von der Kernspindel getragen werden (vgl. Fig. 153).

Auch bei Fig. 43 sind Öffnungen in der Nabe angebracht. Sie sind gleichfalls zu dem Zwecke angeordnet, den Kern durch Kerneisen stützen zu können, die mit der Kernspindel verbunden sind.

Durch Öffnungen in der Nabe wird natürlich die Festigkeit des Kolbens verringert, doch ist es derzeit noch nicht möglich, die auftretenden Spannungen rechnerisch genau festzustellen.

6. Herstellung eines Scheibenkolbens nach Fig. 103 und 104.

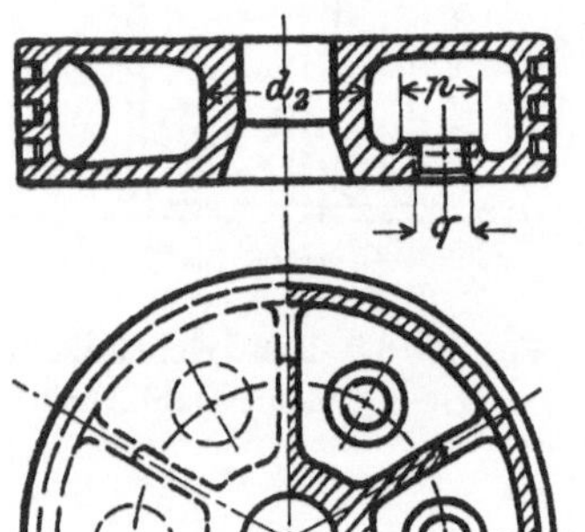
Fig. 103 und 104.

Fig. 105 zeigt das Modell in der Gußform. h_1 und d_1 entsprechen, mit Berücksichtigung des Schwindmaßes, der Kolbenhöhe und dem Kolbendurchmesser, unter Zugabe von 5 bis 10 mm für die Bearbeitung. Oft werden die Seitenflächen nicht bearbeitet, sondern nur sehr sauber gegossen; dann ist bei dem Maß h_1 keine Zugabe erforderlich.

Der Kern, Fig. 106 und 107, wird mit Hilfe eines Bodenbrettes und einer Schablone Fig. 108 angefertigt. Der Durchmesser d_2 ist gleich dem Nabendurchmesser des Kolbens. Da die 6 Rippen den Kern in 6 Teile zerlegen, sind 6 Öffnungen zum Entfernen der Kernmasse aus dem fertigen Gußstück anzuordnen. Zu diesem Zweck werden an dem Bodenbrett 6 Scheiben vom Durchmesser p befestigt, die mit Ansätzen vom Durchmesser q' versehen sind ($q' < q$). Die Bretter für die Rippen sind

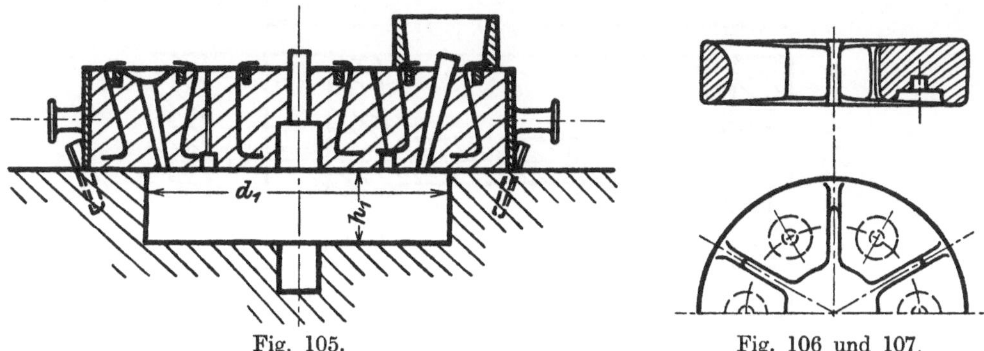

Fig. 105.   Fig. 106 und 107.

an den freien Kanten gut abgerundet und mit dem Boden durch Schrauben verbunden, die nach dem Schablonieren des Kernes gelöst werden, um zuerst den Boden mit dem Zapfen, und dann eine Rippe nach der anderen behutsam entfernen zu können.

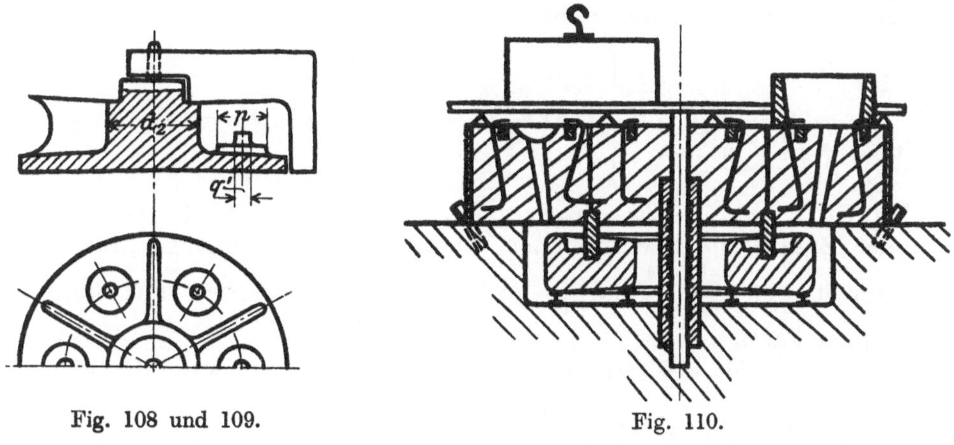

Fig. 108 und 109.   Fig. 110.

Die Fig. 110 zeigt die Form nach dem Einlegen der Kerne. Weitere Angaben über Herstellung und Bearbeitung von Kolben siehe S. 48 und 61.

7. Berechnung des Kolbenkörpers.[1]

a) Einwandige Kolben nach Fig. 59 bis 63.

Nach einem zuerst von Bach angegebenem Näherungsverfahren betrachtet man den Kolben als einen auf Biegung beanspruchten Träger, der längs eines Durchmessers eingespannt ist. Reymann legt seinen Berechnungen die Annahme zugrunde, daß der Kolben durch viele radiale Schnitte in eine große Anzahl von Kreisausschnitten geteilt werde. Jeder Ausschnitt stellt einen Träger dar, der an der Nabe eingespannt und am Kolbenrand geführt ist. Schwarz geht in gleicher Weise vor, berücksichtigt aber die Formänderung des Kolbenrandes. Pouleur sucht die Formänderungsarbeit der inneren Kräfte zu ermitteln und setzt sie gleich

---

[1] Zum Teil nach Dr.-Ing. C. Pfleiderer: Die Berechnung der Scheibenkolben (Z. Ver. deutsch. Ing. 1910, S. 317 und Forschungsarbeiten, Heft 97) und unter Verwendung ergänzender Mitteilungen Pfleiderers.

der Arbeit der äußeren Kräfte; diese Arbeit kann allerdings nur näherungsweise und unter Annahmen berechnet werden, deren Zulässigkeit erst noch durch Versuche zu erweisen wäre.

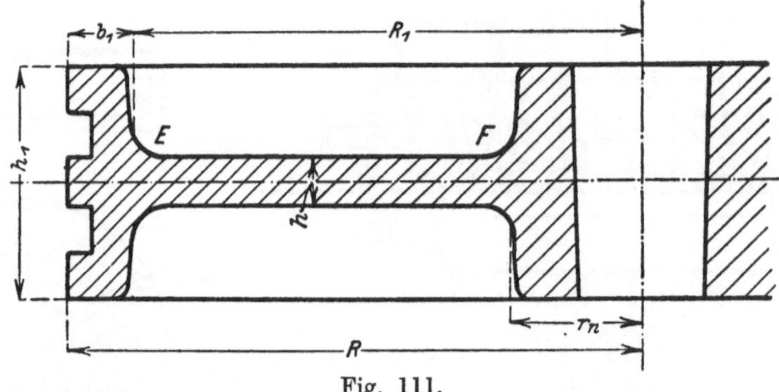

Fig. 111.

Unter teilweiser Verwendung Grashofscher Gleichungen bestimmt Ensslin[1]) die Beanspruchung der Kolbenscheibe in einer den tatsächlichen Verhältnissen möglichst entsprechenden Weise und gelangt zu folgenden Ausdrücken: Gesamtspannung σ (in radialer Richtung, an der Ober- und Unterfläche der Kolbenscheibe beim Übergang in die Nabe)

$$= \frac{3}{2\pi}\left[\frac{2\ln\dfrac{R_1}{r_n}}{1-\left(\dfrac{r_n}{R_1}\right)^2}-1\right]\frac{P}{h^2}+\frac{3}{4}\left[3-\left(\frac{r_n}{R_1}\right)^2-\frac{4\ln\dfrac{R_1}{r_n}}{1-\left(\dfrac{r_n}{R_1}\right)^2}\right]\frac{pR_1^2}{h^2}=\varphi_1\frac{P}{h^2}+\varphi_2\frac{pR_1^2}{h^2}. \quad (1)$$

Dabei ist $P = p \cdot \pi \cdot (R^2 - R_1^2)$ (vgl. Fig. 111). Die Werte von φ_1 und φ_2 können der Zahlentafel I entnommen werden. Die sogenannte „resultierende" Anstrengung σ_{res} ist $\dfrac{m^2-1}{m^2}$ mal so groß, wobei für Flußeisen und Stahl $m=\dfrac{10}{3}$ gesetzt werden kann.

Pfleiderer erhält auf Grund einer ähnlichen, allgemeineren Untersuchung

$$\sigma_{res}=\frac{p}{h^2}(R_1-r_n)\left(11,5\cdot\frac{R_1^2}{\dfrac{R_1^2}{10\,r_n}+16\,r_n}+0,52\,\pi\cdot\frac{R^2-R_1^2}{\dfrac{R_1}{5}+r_n}\right)=c_1\cdot\frac{p}{h^2}\quad {}^{2)}\quad . \quad (2)$$

σ_{res} muß kleiner sein als die zulässige Zugbeanspruchung des Materials.

Zahlentafel I.

$\dfrac{r_n}{R_1}$	$^1/_{10}$	$^2/_{10}$	$^3/_{10}$	$^4/_{10}$	$^5/_{10}$	$^6/_{10}$	$^7/_{10}$
$\varphi_1 =$	1,75	1,125	0,79	0,565	0,407	0,282	0,194
$\varphi_2 =$	4,73	2,805	1,79	1,154	0,712	0,412	0,218

p ist der den Kolben belastende Druck in kg/cm². Die Gleichung gilt unter der Voraussetzung, daß der Nabendurchmesser mindestens 1,6 mal so groß ist, wie die Bohrung und daß $R - R_1$ größer ist als $0,8\,h$.

---

[1]) Professor Dr.-Ing. Max Ensslin, Elastizitätslehre für Ingenieure; ferner Dinglers Polytech. Journ. 1903 und 1904; siehe auch Z. Ver. deutsch. Ing. 1911, S. 831.

[2]) Zur Nachprüfung der Gleichungen können die Ergebnisse der umfangreichen Versuche benützt werden, die Bach in den Jahren 1902 bis 1905 ausgeführt hat und die wertvolle Einblicke in das Verhalten der Kolben ermöglichen (s. Mitteilungen über Forschungsarbeiten, Heft 31).

Aus $\sigma = c_1 \cdot \dfrac{p}{h_2}$ folgt $h = c_2 \sqrt{\dfrac{p}{\sigma}}$.

Es ist für

$2R =$	400	800	1200
$2r_n =$	120	170	260
$R - R_1 =$	30 bis 40	40 bis 55	60 bis 75
$c_2 =$	24,2 bis 23,3	59,8 bis 59,0	93,5 .

Der Einfluß der Kranzstärke ist also sehr gering. Etwas stärker ist der Einfluß des Nabendurchmessers.

Für $2R = 800$, $R - R_1 = 40$ und $2r_n = 170$ war $c_2 = 59{,}8$,

„ $2R = 800$, $R - R_1 = 40$ und $2r_n = 200$ erhält man $c_2 = 54{,}5$,

„ $2R = 800$, $R - R_1 = 55$ und $2r_n = 200$ „ „ $c_2 = 53{,}0$.

Für $2R = 400$, $p = 10$ und $\sigma_b = 640$ (Stahl) wäre h rd. $24 \sqrt{\dfrac{10}{640}} = 3$ cm,

für $2R = 800$, $R - R_1 = 40$ und $2r_n = 200$, $p = 6$, $\sigma_b = 300$ (Gußeisen) wird $h = 54 \sqrt{\dfrac{6}{300}} = 7{,}6$ cm.

b) Einwandige Kolben nach Fig. 47 bis 48 oder 69 (Kegelkolben).

Eine genaue Berechnung unter Berücksichtigung des Kegelwinkels ist nicht ausführbar. Pfleiderer empfiehlt, die Kolbenscheibe wie eine ebene Scheibe zu rechnen und den sich ergebenden Wert mit $\cos^2(90 - \varphi)$ zu multiplizieren. φ ist der halbe Winkel an der Kegelspitze. Nach anderen Angaben[1]) kann man die Wandstärke für $\varphi = 72^0$ um 15 v. H., für 62^0 um 25 v. H. schwächer halten, als bei ebenen Kolben mit $\varphi = 90^0$.

Stark geneigte Kolben könnten also wesentlich schwächer ausgeführt werden, als gleichgroße ebene Kolben. Doch ist zu beachten, daß die Formänderung eine andere ist als bei ebenen Kolben, da der Kegel abwechselnd zusammen- und auseinandergedrückt wird. Diese Formänderungen können bei sehr schwachen Stahlgußkolben mit niedrigem Rand auch das Spiel der Kolbenringe und die Güte der Abdichtung ungünstig beeinflussen.

c) Einwandige Kolben mit Rippen nach Fig. 244 und 245 oder Fig. 246.

Ist die Kolbenscheibe durchbrochen, so nehme man die Rippen allein als tragend an, wobei man als Rippenhöhe die eigentliche Höhe der Rippe beim Anlauf an die Nabe, vermehrt um die Stärke der Scheibe, einsetzen kann.

Sind i Rippen vorhanden, so hat jede Rippe einen Ringausschnitt zu tragen, dessen äußerer Umfang $\dfrac{2R\pi}{i}$, dessen innerer Umfang (an der Nabe) $\dfrac{2r_n\pi}{i}$ beträgt.

Die belastete Fläche ist $\dfrac{\pi}{i} \cdot (R^2 - r_n^2)$, der Druck $p \cdot \dfrac{\pi}{i} \cdot (R^2 - r_n^2)$ und das biegende Moment $p \cdot \dfrac{\pi}{i} \cdot (R^2 - r_n^2) \cdot Z$.

Der Schwerpunktsabstand Z des Ringstückes vom Rand der Nabe kann meist mit ausreichender Genauigkeit $= \dfrac{2}{3}R - r_n$ gesetzt werden.

Ist die Kolbenscheibe nicht durchbrochen, so rechne man in gleicher Weise, lasse aber wesentlich höhere Beanspruchungen zu.

---

[1]) Bauer, Berechnung und Konstruktion der Schiffsmaschinen und Kessel.

Bei den Bachschen Versuchen ist ein Kolben von 996 mm Durchmesser mit 8 Rippen von 120 mm Höhe und 25 mm Stärke bei $p = 16\ \mathrm{kg/cm^2}$ gebrochen. r_n war 65 mm.

Nach dem angegebenen Näherungsverfahren berechnet sich daraus eine größte Beanspruchung der Rippen von 6750 kg/cm², also ein Wert, der ungefähr $2^1/_2$ mal größer ist als die Bruchfestigkeit.

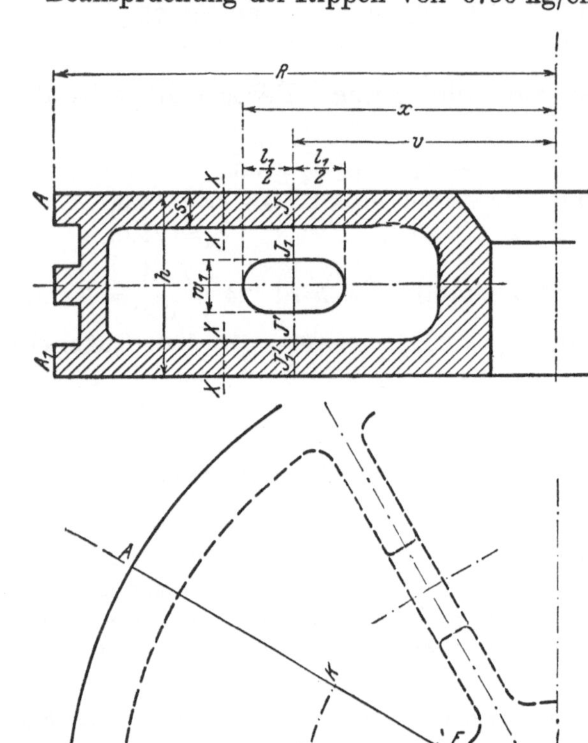

Die Stärke h der zwischen den Rippen verbleibenden Kolbenwandung kann man näherungsweise nach der von Bach angegebenen „Streifenmethode" oder nach der „Balkenmethode" ermitteln.

Man zeichne in den von 2 Rippen begrenzten Ringausschnitt einen möglichst großen Kreis vom Halbmesser ϱ und mache $h > \varrho \sqrt{\dfrac{p}{k_b}}$.

Sind außer den radialen Rippen noch Querrippen vorhanden, die nach konzentrischen Kreisen verlaufen, so betrachte man diese Querrippen als beiderseits eingespannte Träger.

Einseitig verrippte Kolben eignen sich nur für einfachwirkende Maschinen, Hubpumpen usw., wobei die freien Kanten der Rippen auf Druck beansprucht sind.

Für wechselnde Beanspruchungen, wobei die Rippenkanten Zugspannungen aufnehmen müssen, soll man sie nicht verwenden.

d) Doppelwandige Kolben ohne Rippen (z. B. Fig. 85 oder 87).

Betrachtet man den Kolben einer stehenden Maschine, den der Dampf nach abwärts drückt, so wird die obere Kolbenscheibe, die vom Dampfdruck durchgebogen wird, durch den Kolbenrand hindurch auch eine Durchbiegung der unteren Scheibe hervorrufen. Die obere Scheibe ist daher einerseits durch den Dampfdruck beansprucht, andererseits — in Richtung von unten nach oben — durch

Fig. 112 und 113.

den Widerstand, den die untere Scheibe der Formänderung entgegensetzt.

Eine genaue Berechnung ist zurzeit nicht möglich. Man rechne die obere Kolbenscheibe nach Gl. 1 oder 2 und vermindere die erhaltene Wandstärke um 20 bis 30 v. H., sofern diese Verminderung mit Rücksicht auf den Guß möglich ist.

e) Doppelwandige Kolben mit Rippen, die mit Aussparungen versehen sind.
(Fig. 52 bis 53, 64 bis 65.)

Versuche von Bach und von Godron haben ergeben, daß der Bruch zu stark beanspruchter Kolben immer am Rande der Aussparungen beginnt. Diese Aussparungen, die man mit Rücksicht auf den Guß anbringt, um die Kernsegmente miteinander verbinden zu können,[1] beeinflussen also die Festigkeit des Kolbens sehr ungünstig, und zwar um so mehr, je näher sie an der Nabe liegen. Man kann diese Aussparungen ganz entbehren, wenn man nach Fig. 76 bis 77 die Kernsegmente mit dem Nabenkern verbindet. Doch muß der Kern dabei sehr sorgfältig eingelegt und durch eine größere Zahl von Kernstützen gehalten werden; die Nabe wird stark geschwächt und die Festigkeit des Kolbens dadurch wieder verringert.

Für Hohlkolben, deren Rippen Aussparungen besitzen (s. Fig. 112 u. 113), hat Pfleiderer die Gleichung

$$\sigma = \frac{h}{2} \cdot \frac{M_b}{\Theta} + \frac{Pl_1}{4}\left(\frac{1}{a \cdot f} + \frac{a - \dfrac{w_1}{2}}{\Theta_1}\right)^{2)} \quad\ldots\ldots\ldots\ldots \quad (3)$$

aufgestellt, mit $M_b = p \cdot \dfrac{\pi}{3\,i}\,(R - x)^2\,(2R + x)$ und $P = p \cdot \dfrac{\pi}{i}\,(R^2 - v^2)$.

Dabei ist

    σ die in der Rippe, am äußeren Lochrand, in der Entfernung x von der Kolbenmitte auftretende Anstrengung,

    Θ das Trägheitsmoment des I-förmigen Querschnittes HJK vom Flächeninhalt $2f$,

    Θ_1 das Trägheitsmoment des $\top$-förmigen Querschnittes vom Inhalt f,

    $2a$ die Entfernung der Schwerpunkte der beiden Querschnitte f,

    i die Anzahl der Rippen.

Der Wert für σ soll die zulässige Anstrengung des Materials auf Zug nicht überschreiten.

Ferner muß — damit der Bruch nicht in der vollen Kolbenscheibe oder in der Nabe auftritt, — die Stärke s der Kolbenwandung mindestens das 0,6fache der Rippenstärke s_1 betragen und der Durchmesser der Nabe das 1,5fache der Bohrung. In Zahlentafel II sind übliche Abmessungen für Kolben von 600 bis 1200 Durchmesser angegeben. Setzt man diese Werte in Gl. 3 ein, so kann man $\dfrac{\sigma}{p}$ berechnen und Kurven zeichnen, die den Einfluß der einzelnen Größen gut erkennen lassen (Fig. 114).

Vergleicht man I mit 1, so sieht man, daß ein Kolben von 1000 mm Durchmesser bei $h = 200$ und $s = 20$ ein $\dfrac{\sigma}{p} = 117$ aufweist, falls Mitte Aussparung um $v = 250$ mm von der Kolbenmitte entfernt ist, hingegen ein $\dfrac{\sigma}{p} = 65$ bei einem Abstand

---

[1] Vgl. Fig. 103 bis 110.

[2] Bei Ableitung dieser Gleichung wurde angenommen, daß der Kolben durch radialen Schnitt in Sektoren OAB geteilt wird. Die an den Schnittflächen auftretenden Kräfte werden vernachlässigt und der Sektor wie ein I-Träger berechnet, mit einer Aussparung im Steg. Für derartige Träger gelangt Pfleiderer zur angegebenen Gleichung, die durch eine Reihe von Biegeversuchen an gußeisernen Balken nachgeprüft wurde. Nach der Form der Versuchskörper kann man annehmen, daß die Gleichung auch für Kolben nach Fig. 52 oder 64 gilt. Für Kolben nach Fig. 74, 77 oder 83 ist sie wohl nicht ohne weiteres anwendbar.

$v = \dfrac{3}{4} R = 375$ mm. Während also für $\dfrac{\sigma}{p} = 117$ bei $\sigma = 360$ der Druck p nur rund 3 kg/cm² betragen darf, kann der gleiche Kolben, falls man die Aussparung etwas weiter nach außen legt, einem Druck von fast 6 kg/cm² mit genügender Sicherheit widerstehen.

Zahlentafel II.

Linie	Kolbenhöhe mm h	Entfernung von Mitte Loch bis Mitte Kolben mm v	Lochhöhe mm w_1	Lochlänge mm l_1	Wandstärke mm s	Zahl der Rippen	Stärke der Rippen
I	200	$\frac{1}{2} R$	$\frac{h}{3} = 67$	100	20	6	20
1	200	$\frac{3}{4} R$	$\frac{h}{3} = 67$	100	20	6	20
II	200	$\frac{1}{2} R$	$\frac{h}{3} = 67$	100	25	6	25
2	200	$\frac{3}{4} R$	$\frac{h}{3} = 67$	100	25	6	25
III	300	$\frac{1}{2} R$	$\frac{h}{3} = 100$	150	25	6	25
3	300	$\frac{3}{4} R$	$\frac{h}{3} = 100$	150	25	6	25
IV	300	$\frac{1}{2} R$	$\frac{h}{3} = 100$	150	30	6	30
4	300	$\frac{3}{4} R$	$\frac{h}{3} = 100$	150	30	6	30

Von geringerer Wirkung ist die Verstärkung der Wand. Erhöht man s von 20 mm auf 25 mm, so verringert sich (für $D = 1000$) der Wert $\dfrac{\sigma}{p}$ von 117 (Linie I) auf 95 (Linie II) und p könnte von ungefähr 3 kg/cm² auf 4 kg/cm² anwachsen.

Vergrößert man die Kolbenhöhe, so nimmt $\dfrac{\sigma}{p}$ selbst dann beträchtlich ab, wenn man den Kolben gleichzeitig durch eine größere Aussparung schwächt.

So ist (für $D = 1000$) für $h = 200$ der Wert $\dfrac{\sigma}{p}$ (auf Linie 2) $= 52$, für $h = 300$ (Linie 3) $= 36$, d. h. der Druck p kann bei $\sigma = 360$ für den niedrigeren Kolben rund 7 kg/cm², für den höheren Kolben rund 10 kg/cm² betragen.

Von großem Einfluß ist Θ_1. Je stärker also die Rippe und je kleiner die Aussparung ist, um so widerstandsfähiger wird der Kolben.

Für $D = 1000$, $h = 300$, $v = \dfrac{R}{2}$, $s = s_1 = 25$ ist $\dfrac{\sigma}{p} = 66$ (Linie III), falls die Aussparung 100 mm hoch und 150 mm lang ist.

Ersetzt man die rechteckige Aussparung durch ein Loch von 60 mm Durchmesser und verstärkt man die Rippe auf 30 mm, so wird $\dfrac{\sigma}{p}$ rund 16, d. h. der Kolben vermag dann bei gleicher Beanspruchung dem vierfachen Druck zu widerstehen.

Will man also an Hand der Kurven Fig. 114 die Spannungen in ausgeführten Kolben abschätzen, so beachte man, ob namentlich die Lage und Größe der Aussparung mit den Annahmen der Tabelle übereinstimmen.

Besitzt die Rippe zwei Aussparungen (z. B. Fig. 79 u. 80), so ist die der Nabe zunächstliegende bei der Berechnung zu berücksichtigen.

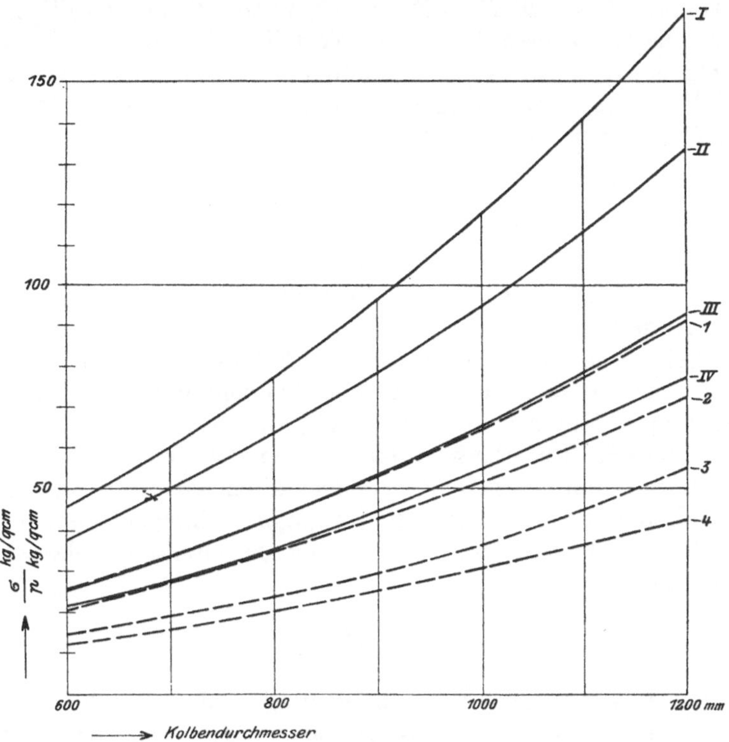

Fig. 114.

Aus den Ausführungen a bis e geht hervor, daß derzeit nur für wenige Kolbenformen eine einwandfreie und mit den Versuchen gut in Einklang stehende Berechnung möglich ist.

Bei den meisten Formen ist man auf ein gewisses Abschätzen und auf den Vergleich mit bewährten Ausführungen angewiesen. In manchen Fällen und für ungefähr gleiche Abmessungen wird auch der Vergleich mit den Bachschen Versuchskolben von großem Wert sein.

B. Gasmaschinen- und Ölmaschinen-Kolben.

1. Kolben für einfachwirkende Viertaktmaschinen.

Der Tauchkolben einer einfachwirkenden Viertaktmaschine dient erstens als Liderungsorgan zur Aufnahme der federnden Dichtungsringe und zweitens als Kreuzkopf. Die Gleitbahn ist in diesem Falle die Zylinderwandung selbst. Wenngleich der Höchstdruck auf die Gleitbahn nur bei jedem vierten Hube auftritt, so muß doch, um die Zylinderwandung möglichst zu schonen, mit kleineren Flächendrücken gerechnet werden, wie bei Dampfmaschinen. Andernfalls wird leicht der Zylinder unrund auslaufen und der Hauptzweck des Kolbens, abzudichten, in Frage gestellt. Außerdem wird sich bei eingetretener größerer Abnutzung noch das sogenannte „Kolbenkippen" recht unangenehm bemerkbar machen. Dieses entsteht während des Verdichtungshubes, beim Richtungswechsel des Gleitbahndruckes von unten nach oben. Es wird dann der zu lose im Zylinder laufende Kolben mit hörbarem Schlag an den oberen Teil der Zylinderwandung gedrückt.[1])

Größe des Gleitbahndruckes N: Bildet die Schubstange mit der Kolbenweglinie den Winkel β, so ist $N = P' \cdot \operatorname{tang} \beta$, unter P' den jeweiligen Kolbendruck verstanden. P' besitzt seinen höchsten Wert P_e während der Verpuffung, β erreicht den größten Wert etwas vor Mitte Hub. Der größte Wert von N kann aus Gleitdruckdiagrammen entnommen werden. Für die meisten Motorengattungen ist $N_{max} = 0{,}1\,P_e$. Hierin ist P_e der Gesamt-Explosionsdruck auf den Kolben. Der Druck auf $1\,\mathrm{cm}^2$ beträgt $p_e = 25$ bis 30 kg für gasförmige Brennstoffe, Benzol und Spiritus, $p_e = 20$ kg für Petroleum und Benzin.[2])

Den zulässigen Flächendruck k des Kolbens auf die Zylinderwand nimmt man im allgemeinen $= 1{,}25$ bis $1{,}5$ kg/cm².

Dem Ausfall an Gleitfläche durch die Kolbenringnuten ist bei diesen Werten durch entsprechende Kleinhaltung des Flächendruckes bereits Rechnung getragen. Ist L die Kolbenlänge, somit $L \cdot D$ die tragende Fläche, so muß $L \cdot D \cdot k > 0{,}1\,P_e$ sein.

Durchschnittlich ist das Verhältnis von Kolbenlänge zum Durchmesser $= 1{,}8$ bis $2{,}0$ bei kleineren Motoren bis zu 40 PS, und $1{,}5$ bis $1{,}6$ bei größeren von Leistungen bis 180 PS. Im allgemeinen ist die Länge des Kolbens und damit das Gewicht der hin- und hergehenden Teile möglichst zu beschränken.

Der Kolbenboden ist als eine am Umfange aufliegende Scheibe vom Halbmesser r cm, die durch den Explosionsdruck gleichmäßig belastet wird, zu berechnen. Ihre Stärke

$$\text{sei } h \gtreqqless r\sqrt{\mu\frac{p_e}{k_b}}\,.$$

Dabei ist k_b die zulässige Biegungsanstrengung und μ ein Koeffizient, der von Prof. Bach für lose aufliegende Gußscheiben zu $1{,}2$ und für solche, die festgespannt sind, zu $0{,}8$ ermittelt wurde. $\mu = 1$ stellt den Mittelwert dar. $r = \dfrac{D}{2}$ gesetzt, gestattet mit k_b bis 500 kg/cm² zu gehen. (r stellt in der Formel den Halbmesser der freien Fläche des Kolbenbodens, also $\dfrac{D}{2} -$ Kolbenwandstärke dar.)

Es ergibt sich dann die Dicke des gußeisernen glatten Kolbenbodens, wenn $\mu = 1$ und $p_e = 30$ gesetzt wird, aus $h = r\sqrt{\dfrac{30}{500}} = r\sqrt{\dfrac{1}{16{,}7}} \sim \dfrac{1}{4}\,r.$

Für Böden, die mit Rippen versehen sind, ist das Widerstandsmoment des Querschnittes in Betracht zu ziehen. Der Kolbenboden wird sich dann entsprechend schwächer gestalten lassen.

Eine zu große Wandstärke ist direkt schädlich, da bei dauernder Vollbelastung der Boden zu heiß werden und zu Betriebsstörungen Veranlassung geben würde, sei es nun, daß er sich zu stark ausdehnt und ein Fressen verursacht, oder daß

---

[1]) Zur Abhilfe ist das Zylinderrohr durch ein neues engeres zu ersetzen und der alte Kolben darin einzupassen, oder das alte Rohr auszubohren und dazu ein neuer, etwas größerer Kolben zu beschaffen.

[2]) Siehe Güldner, Das Entwerfen und Berechnen der Verbrennungsmotoren.

Für Gleichdruckmaschinen (Dieselmotoren) ist $p_e \sim 35$ kg/cm².

Mit Rücksicht auf plötzliche Drucksteigerungen beim Anlassen rechne man aber mit $p_e = 45$ kg/cm² und beachte bei der Wahl der zulässigen Anstrengung die stoßweise Belastung. — Bei den Verpuffungsmaschinen (Explosionsmotoren) treten oft Drucksteigerungen infolge von Frühzündungen auf und zwingen gleichfalls zu einer vorsichtigen Bemessung der beanspruchten Teile.

durch die zu große Masse des nur luftgekühlten Kolbens eine zu langsame Wärme-
abfuhr nach außen stattfindet und dadurch vor Ende der Kompression eine Selbst-
zündung des Gemisches hervorgerufen wird. Durch Aufsetzen von konzentrischen
Rippen auf die Innenfläche des Bodens sucht man daher vielfach eine bessere
Kühlung des Bodens zu erreichen. Die Temperaturen, die im Kolbenkörper
herrschen, nehmen vom Kolbenbolzen gegen den Boden hin stetig zu. Der Kolben
ist daher gegen den Boden hin zu verjüngen. Das Maß der Verjüngung ist vom
Durchmesser des Kolbens, zum Teil aber auch von dem Heizwert des betreffen-
den Brennstoffes abhängig und bei Maximalbelastung des Motors durch Versuche
zu bestimmen, wobei zu beachten ist, daß der Kolbenboden bei dieser Belastung
und stärkster Ausdehnung an seinem Umfange schwach, aber sichtbar, an der
Zylinderwandung anliegen muß. Dadurch wird ein besseres Abdichten bewirkt,
erstens durch den Kolben selbst und zweitens durch die Ringe, die vom anliegenden
Boden entlastet werden und sich besser an die Zylinderwand anschmiegen können.

Eine kräftige Verstärkung des Bodens mit Rippen, die an den Kolbenkörper
anschließen, ist nicht zu empfehlen, da dadurch leicht ungleiche Ausdehnung hervorgerufen wird. Nur die beiden Naben für den Kolbenzapfen werden durch
Rippen versteift, um ein Verziehen des Kolbens durch den Zapfen zu vermeiden.
Da infolge von Wärmestauung in den Naben eine starke Ausdehnung des Kolbenkörpers an dieser Stelle stattfindet, spart man am besten das Material hier etwas
aus, so daß kein Fressen eintreten kann.

Die Dicke der zylindrischen Wandung an der stärksten Stelle nimmt man
meistens $=\dfrac{D}{14}$, die Dicke der Wandung des den Gleitschuh ersetzenden Teiles
$=\dfrac{D}{28}$. Nach der Kolbenöffnung zu verläuft die Wand stets etwas verjüngt.
An der offenen Seite des Kolbens wird meist eine „Zentrierrippe" angeordnet, die
das Zentrieren des Kolbens auf der Drehbank erleichtert. Nur bei kleineren
Kolben legt sich die Zentrierscheibe unmittelbar gegen eine Andrehung des Kolbenkörpers (siehe Fig. 126 bis 129).

Für die Entfernung des ersten Ringes vom Kolbenboden rechnet man als
Mindestmaß das anderthalbfache der Ringhöhe h, die Breite des zwischen den
Ringen verbleibenden Steges macht man gleich der Ringhöhe. Die Tiefe der
Ringnut ist bei kleineren Motoren um 1 mm und bei größeren um 2 mm größer
als die Ringstärke. Die Dichtungsringe sind ausschließlich sogen. Selbstspanner,
aus bestem Gußeisen hergestellt und an allen Stellen des Umfanges gleich stark.

Der Kolbenbolzen ist auf Biegung beansprucht. Es ist dessen Biegungs-
moment, vorzüglichstes Einpassen vorausgesetzt,

$$M_b = \frac{P_e}{2}\left(\frac{l_2}{2} - \frac{l}{4}\right) \qquad \text{und} \qquad M_b = 0,1\,\mathrm{d}^3\,\mathrm{k}_b.$$

Dabei ist l die Länge der Lauffläche, l_2 die Stützlänge. Ist die Nabenlänge l_1,
die ganze Länge des Zapfens also $l + 2l_1$, so ist $l_2 \sim l + {}^2/_3 l_1$.

k_b ist für Siemens-Martin-Stahl 800 kg/cm² und für gehärtetes Flußeisen
1100 kg/cm². Der spezifische Flächendruck p soll für Flußstahl möglichst 125 kg/cm²
nicht übersteigen, bei gehärtetem Flußeisen auf Weißmetall geht man jedoch mit
p bis 190 kg/cm². Die Länge der Lauffläche berechnet sich aus der Gleichung

$$p = \frac{P_e}{l \cdot d}.$$

Die Form des Kolbenkörpers ist bei fast allen Ausführungen der einzelnen
Gasmotorenfabriken so ziemlich die gleiche. Verschiedenheiten ergeben sich nur

bei der Befestigung des Kolbenbolzens oder der Versteifung des Kolbenkörpers
mittels Rippen. In den meisten Fällen macht man den Kolbenboden eben; Ab-
weichungen von dieser Form werden durch die Rücksicht auf Gestalt und Inhalt
des Verdichtungsraumes bedingt.

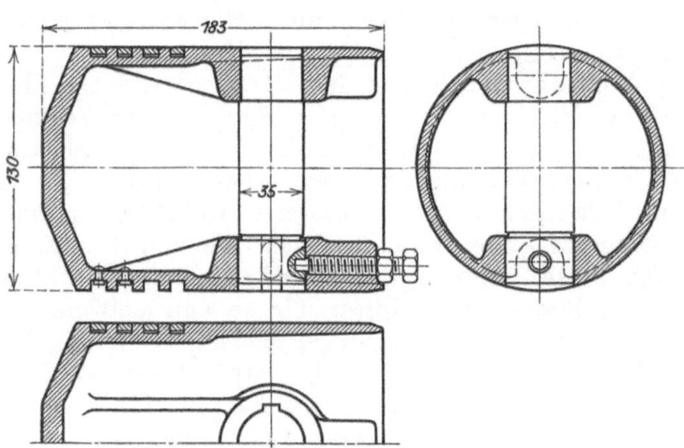

Fig. 115 bis 117. (Gasmotorenfabrik Deutz.)

Da die kleinen Mo-
toren mit hohen Um-
drehungszahlen arbeiten,
sind die Wandstärken
des Kolbenkörpers mög-
lichst zu beschränken,
um die Massenbeschleu-
nigung gering zu halten.

Fig. 115 bis 117 zei-
gen den Kolben eines
stehenden 4pferdigen Mo-
tors der Gasmotoren-
fabrik Deutz, der mit
650 minutlichen Umdre-
hungen läuft.

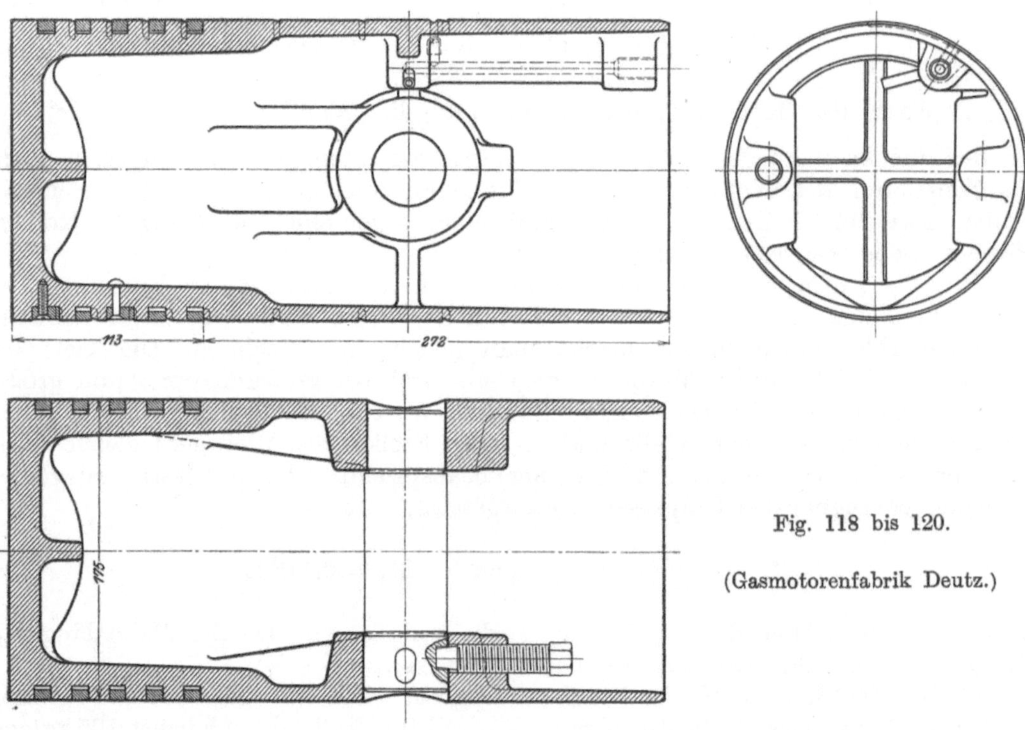

Fig. 118 bis 120.

(Gasmotorenfabrik Deutz.)

Fig. 118 bis 120 veranschaulichen den Kolben eines liegenden Motors der
gleichen Firma, der bei 240 Umdrehungen 6 PS leistet.

In Fig. 115 ist der Boden mit Rücksicht auf den Verdichtungsraum als ab-
geplatteter Kegel ausgebildet. Um bei der schwachen Wandung des Kolbens einer
Formänderung zu begegnen, sind die Naben für den Kolbenbolzen durch je zwei
Rippen gegen die Wandung versteift. Auch die Nabe des Kolbens Fig. 118 ist

in gleicher Weise durch Längsrippen unterstützt, außerdem aber noch durch Querrippen. Der Boden dieses Kolbens ist gerade ausgeführt und aus Festigkeitsrücksichten mit einer Kreuzrippe versehen. Infolgedessen kann die Wandstärke des

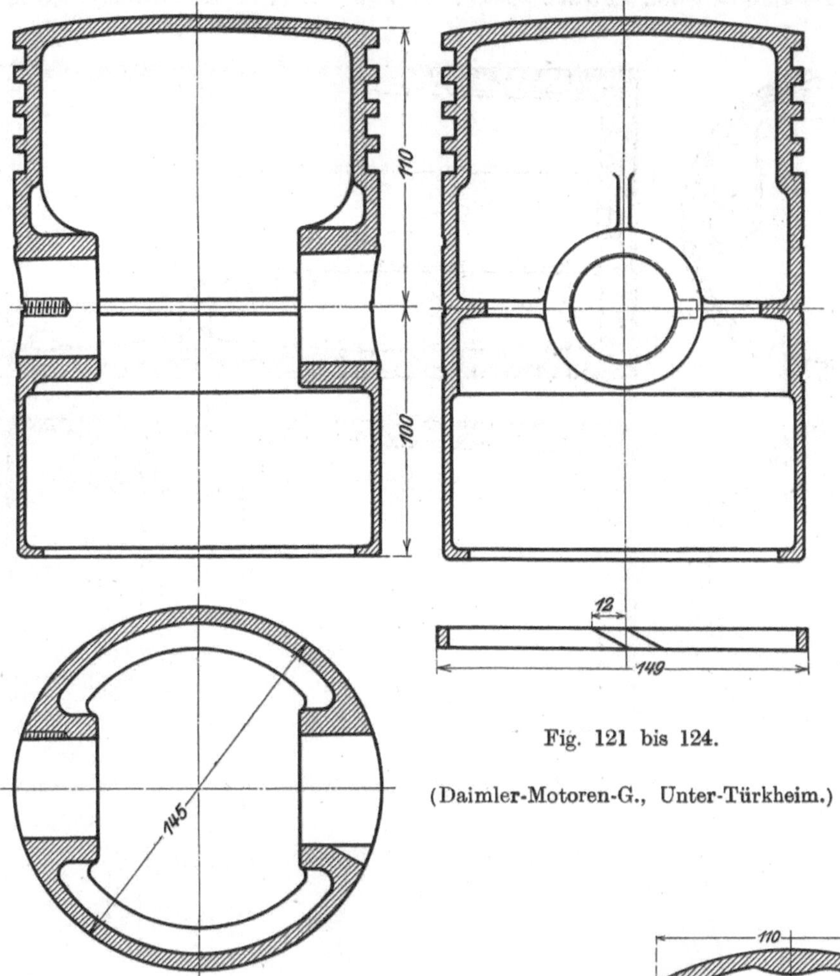

Fig. 121 bis 124.

(Daimler-Motoren-G., Unter-Türkheim.)

Kolbenbodens klein gehalten werden, auch gestaltet sich die Kühlung dadurch günstiger. Der Kolben Fig. 121 bis 124, zu einem Schiffsmotor der Daimler-Motoren-Gesellschaft gehörend, hat ebenfalls eine Nabenversteifung nach drei Richtungen; der Kolbenboden ist nach außen gewölbt und sehr dünn; die Wand des Kolbenkörpers ist dreimal abgesetzt, um das Gewicht möglichst niedrig zu halten. Ganz ohne jegliche Versteifung ist der in Fig. 125 dargestellte Kolben eines Automobilmotors (Mercedes) derselben Firma. Der Kolbenboden ist ebenfalls gewölbt.

Bei den drei ersten Kolben folgen die Kolbenringnuten in gleichen Abständen aufeinander, beim Mercedeskolben folgt nach den ersten beiden Ringen eine Unterbrechung von $4^1/_2$ Ringbreiten, auch sind mehrere Ölnuten eingestochen, wodurch einerseits eine bessere Füh-

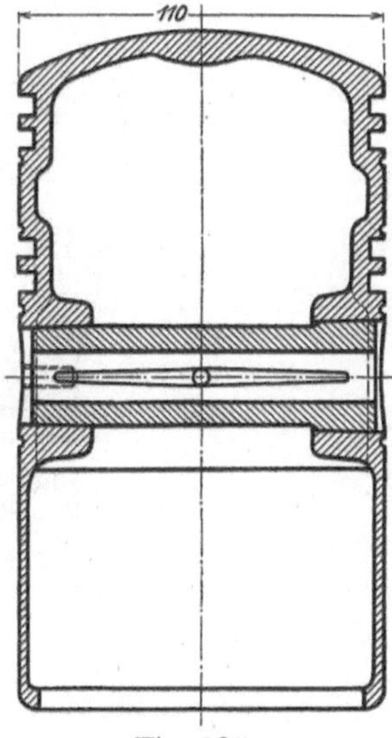

Fig. 125.
(Daimler-Motoren-G.)

rung, andrerseits ein besseres „Ölhalten" des vertikal laufenden Kolbens an-
gestrebt wird.

Eine eigenartige Ausbildung weist der in Fig. 126 bis 129 dargestellte Kolben
eines Kleinmotors der Firma Gebr. Körting auf. Der Kolbenboden und die

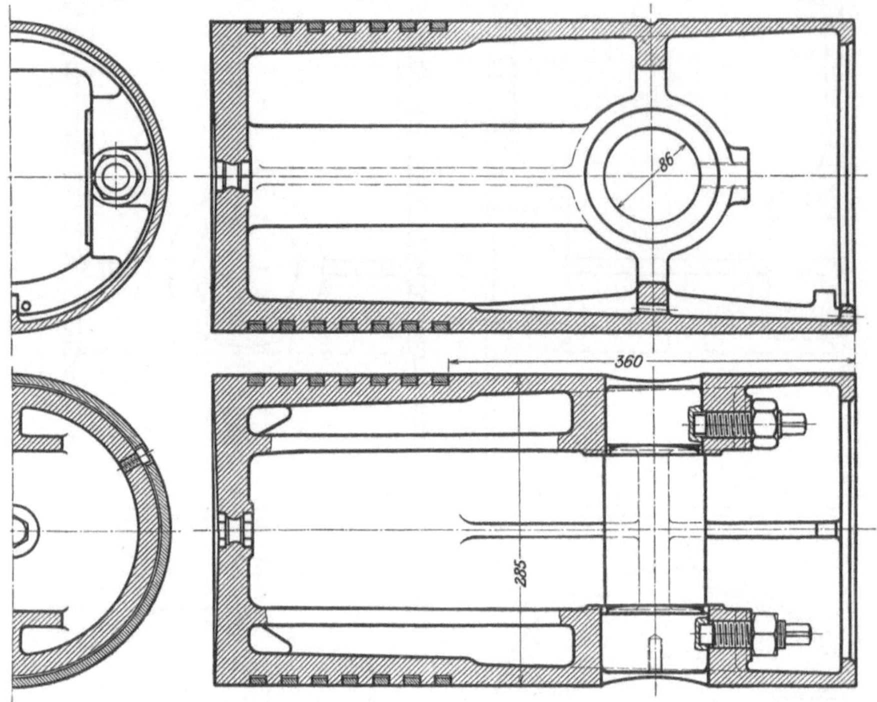

Fig. 126 bis 129.   (Gebr. Körting.)

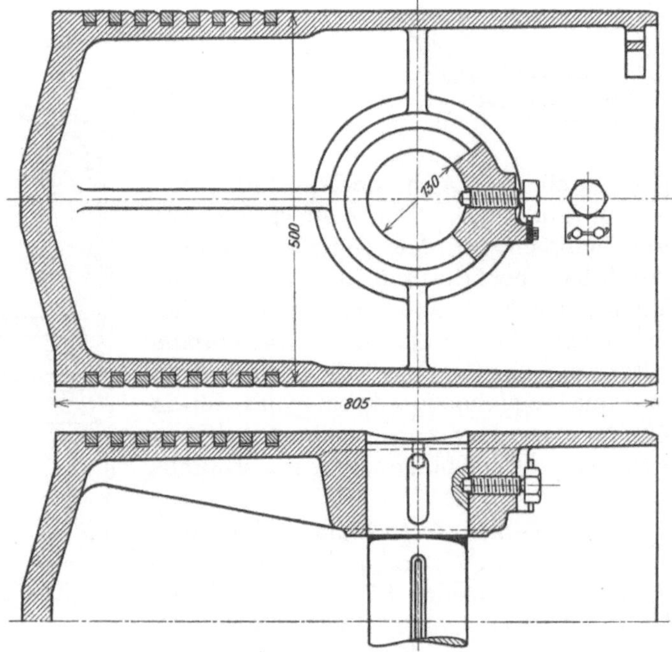

Fig. 130 und 131.   (Gasmotorenfabrik Deutz.)

beiden Zapfennaben sind durch je eine **T**-förmig gestaltete Rippe miteinander verbunden, auch der als Kreuzkopf dienende Teil ist durch eine **T**-förmige, an die Naben anschließende Rippe versteift. Damit das vom Kreuzkopflager abgeschleuderte Öl aus dem Kolben ablaufen kann, sind diese Rippe und die am offenen Ende des Kolbens angeordnete „Zentrierrippe" durchbohrt.

In Fig. 130 und 131 ist ein Kolben der Gasmotorenfabrik Deutz von 500 mm Dm. dargestellt. Der Kolbenboden, der mit Rücksicht auf die Form des Kompressionsraumes als abgeplatteter Kegel ausgeführt ist, besitzt keine Rippen. Die Naben für den Kolbenbolzen sind mittels je einer gegen den Boden verlaufenden

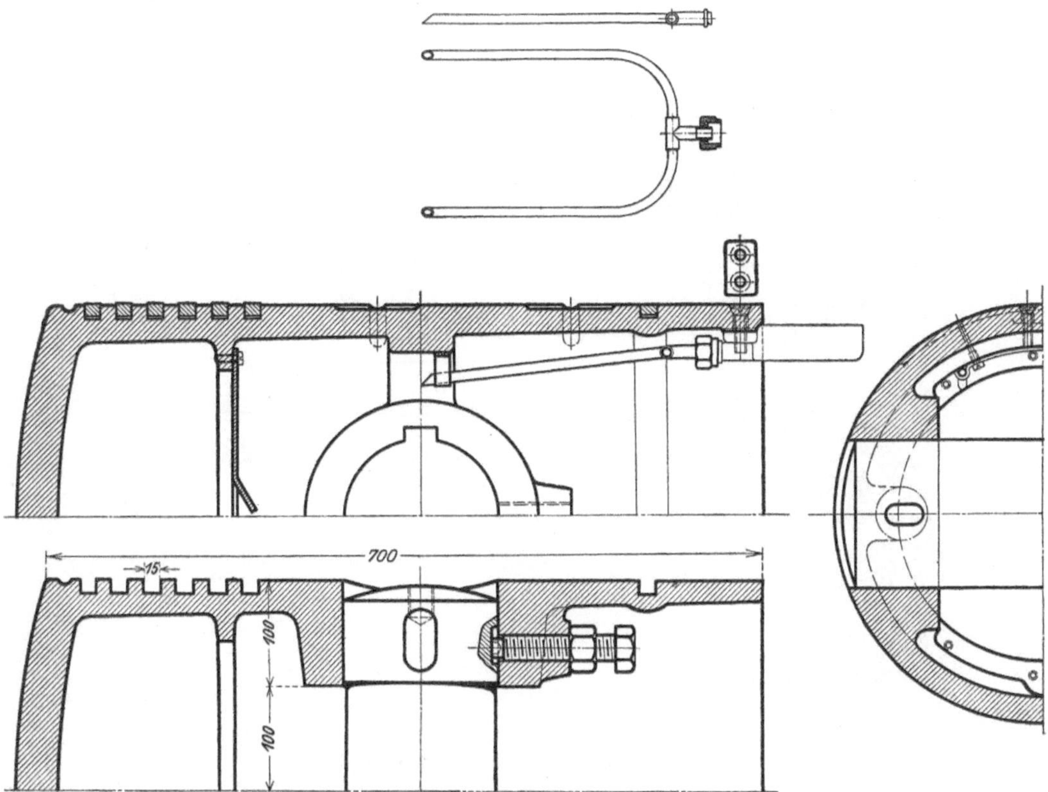

Fig. 132 bis 135. (Maschinenfabrik Augsburg-Nürnberg.)

Längsrippe versteift. Damit der Kolben um diese Naben herum starrer wird, sind noch Querrippen angegossen. Auf je $^1/_6$ des Umfanges sind oben und unten in die zwischen den Kolbenringen verbleibenden Stege sogen. Öltransportnuten eingefräst, und zwar so, daß das Öl auf der Oberseite nach dem Kolbenboden hin und auf der Unterseite nach außen geführt wird. Die Anordnung dieser Nuten ist aus der Figur näher zu ersehen.

Der Kolben Fig. 132 bis 135 ist etwas kräftiger gehalten; der Kolbenboden ist gewölbt und am Rande mit einer halbrunden Nute versehen. Zur Erzielung einer besseren Ölverteilung und Dichtung ist der als Gleitschuh dienende Teil des Kolbens noch mit einem Liderungsring versehen, außerdem sind oben auf dem Kolben noch zwei Kreuznuten eingefräst, die ebenfalls das Öl verteilen helfen. Der hintere Teil des Kolbens ist mit einem zweiteiligen Blech abgegrenzt, in das Öffnungen derart eingedrückt werden, daß wohl Luft, aber kein Öl an den Boden kann. Dadurch soll das „Öldampfen" verhütet werden, das entsteht, wenn vom

Kolbenbolzenlager Öltropfen an den heißen Boden geschleudert werden, wo sie verdampfen; der Öldampf gelangt dann in den Maschinenraum. Die Gasmotorenfabrik Deutz verhindert das Öldampfen durch Anbringen eines Spritzbleches am Lenkstangenkopf; die Luftkühlung des Kolbenbodens ist dabei besser als bei der vorher beschriebenen Ausführung. Bei Fig. 136 bis 139 ist der Kolbenboden zu beachten, der zur Erhöhung der Kühlwirkung mit vielen ringförmigen Rippen versehen ist. Im übrigen unterscheidet sich dieser Kolben nur wenig von dem kleineren in Fig. 126.

Ähnliche Ringrippen erhalten auch meist die Böden der Ölmaschinenkolben.

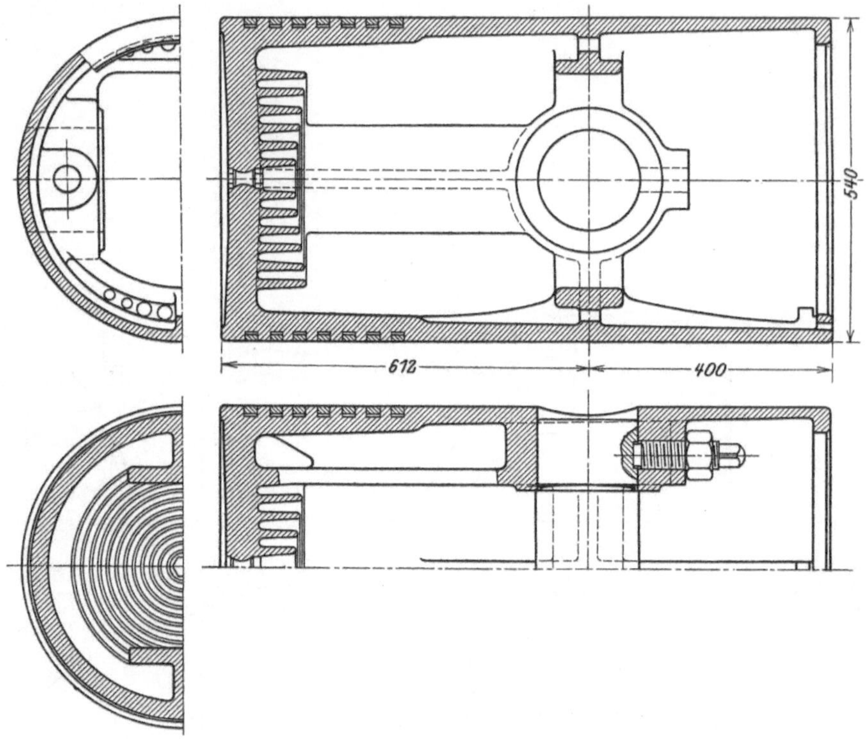

Fig. 136 bis 139. (Gebr. Körting.)

Kolben größerer Dieselmaschinen bestehen mitunter aus zwei Teilen, die miteinander verschraubt sind. Der eine Teil schließt gegen den Verbrennungsraum ab und trägt die Dichtungsringe, der andere Teil dient mehr zur Führung und nimmt den Kolbenbolzen auf.

Verbindung des Zapfens mit dem Kolben.

Bei den kleinen Kolben nach Fig. 115 bis 124 und auch bei den größeren nach Fig. 130 bis 139 sind die Sitzflächen des Zapfens zylindrisch. Der Zapfen wird eingetrieben und gegen Lösen und Verdrehen gesichert.

Bei der Ausführung nach Fig. 125 sind die Sitzflächen des Zapfens konisch gestaltet, wodurch ein Nachstellen bei einem Lockerwerden ermöglicht wird. Dieser Zapfen ist hohl und mit Schmierlöchern zum Ölen des Zapfenlagers versehen.

Kolbenringe.

Über Kolbenringe siehe S. 3. Die Fig. 13 und 14, 15 bis 18 und 25 bis 26 gehören zu den Gasmaschinenkolben Fig. 118 bis 120, 126 bis 129 und 132 bis 135.

In Zahlentafel III sind die Hauptabmessungen einiger Kolben von 100 bis 600 mm Durchmesser angegeben. Aus Zahlentafel IV sind die Vorgänge bei der Bearbeitung der Kolben und Zapfen und die Bearbeitungszeiten zu ersehen. Das Aufspannen des Kolbens auf der Drehbank ist aus Fig. 140 ersichtlich. Die dabei gebrauchten Zentrierscheiben, die sich für mehrere Kolben von verschiedenen Durchmessern verwenden lassen, sind mit einer besonderen Planscheibe fest verschraubt.

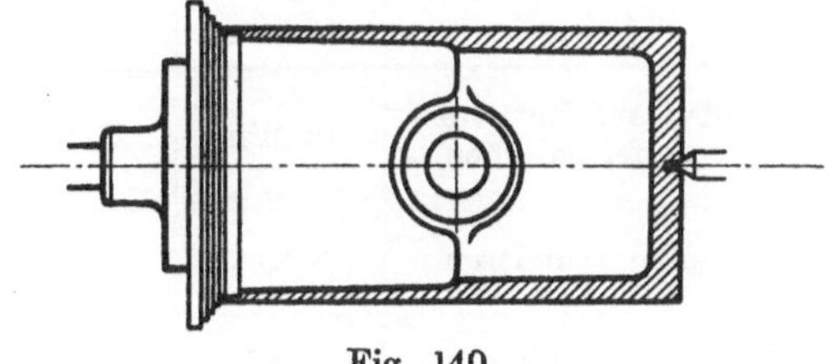

Fig. 140.

Zahlentafel III.

Abmessungen einfachwirkender Gasmaschinenkolben.

Kolben-Durchm. mm	Kolben-Länge	Zapfen-Durchm.	Naben-Durchm.	Stärke der zylindr. Wand am Bodenende	Stärke der zylindr. Wand am offenen Ende	Ringstärke	Ringhöhe
100	200	30	50	9	4,5	4	6
200	400	50	85	17	7,5	6,5	9
300	600	90	150	25	11	10	14
400	640	110	195	30	14	12	15
500	800	140	245	35	17	15	19
600	960	180	315	45	22	18	22

Zahlentafel IV.

Gesamter Zeitaufwand für die Bearbeitung eines Kolbens vom Durchmesser:

	175 mm	250 mm	400 mm	500 mm	Art und Dauer der Nebenarbeiten
Verlornen Kopf abstechen	$\frac{1}{4}$ Std.	20 Min.	1 Std.	$1\frac{1}{4}$ Std.	Kolben gegen Planscheibe spannen, 10 bis 20 Min.
Kolben zentrieren und vordrehen	$2\frac{1}{4}$ Std.	$3\frac{3}{4}$ Std.	$6\frac{1}{2}$ Std.	$8\frac{1}{2}$ Std.	Kolben gegen Zentrierscheibe spannen, 10 bis 15 Min.
Kolben fertig drehen. 2 Schnitte	$2\frac{1}{4}$ Std.	$3\frac{3}{4}$ Std.	8 Std.	11 Std.	
Loch für den Kolbenzapfen auf Horizontalbank bohren	$1\frac{1}{4}$ Std.	2 Std.	$5\frac{1}{4}$ Std.	6 Std.	Aufspannen, 15 bis 20 Min.
Keilnut in das Zapfenloch stoßen	10 Min.	$\frac{1}{4}$ Std.	1 Std.	$1\frac{1}{4}$ Std.	Aufspannen, 15 bis 20 Min.
Löcher für die Druckschrauben bohren und Gewinde schneiden	10 Min.	$\frac{1}{4}$ Std.	1 Std.	$1\frac{1}{4}$ Std.	
Sicherungen für die Kolbenringe anbringen	1 Std.	$1\frac{1}{4}$ Std.	$1\frac{1}{2}$ Std.	$1\frac{1}{2}$ Std.	

Gesamter Zeitaufwand für die Bearbeitung eines Kolbenzapfens vom Durchmesser:

	45 mm	70 mm
Zapfen auf Revolverbank fertigdrehen	16 Min.	25 Min.
Zapfen zentrieren	3 Min.	3 Min.
Einfräsen der Keilnut	10 Min.	12 Min.
Einsetzen zum Härten der Lauffläche	24 Std.	24 Std.
Schleifen des Zapfens	45 Min.	$1^1/_2$ Std.
Loch für die Druckschraube bohren	5 Min.	5 Min.

	110 mm	140 mm
Absägen des Bolzens von der Stange	15 Min.	20 Min.
Kolbenbolzen auf Länge drehen und vordrehen	$2^1/_4$ Std.	$3^1/_2$ Std.
Schmiernut einfräsen	$^1/_2$ Std.	$^1/_2$ Std.
Einsetzen zum Härten der Lauffläche	24 Std.	24 Std.
Fertigdrehen der Paßflächen	$1^1/_2$ Std.	$1^1/_2$ Std.
Einfräsen der Keilnut	$^3/_4$ Std.	$^3/_4$ Std.
Schleifen des Zapfens	$3^1/_4$ Std.	$4^1/_2$ Std.
Bohren der Schraubenlöcher	$^1/_2$ Std.	$^1/_2$ Std.

2. Kolben für doppeltwirkende Viertakt- und für Zweitaktmaschinen.

Für Motorengrößen über 200 PS hat sich in den letzten 5 Jahren der doppeltwirkende Viertakt ein außerordentlich großes Feld, namentlich in den Betrieben von Hüttenwerken erobert. Daneben hat auch der doppeltwirkende Zweitakt, wenn auch nicht in so großem Maße, Eingang gefunden. Die Doppelwirkung bedingt einen auf beiden Seiten geschlossenen Zylinder, so daß eine Kühlung des Kolbens mittels Wassers notwendig wird. Der Kolben ist daher ein geschlossener Hohlkörper aus Gußeisen oder Stahlguß. Durch das im Kolben eingeschlossene Wasser wird natürlich das Gewicht der hin und her gehenden Teile beträchtlich vermehrt und durch seine Massenwirkung die Beanspruchung der Kolbenwandungen erhöht.

Die Kühlung des Kolbens erfolgt meist derart (vgl. Fig. 141), daß das kalte Kühlwasser aus einer im unteren Teil der hohlen Stange befindlichen Öffnung zugeleitet und das erwärmte Wasser durch ein in den oberen Teil des Kolbens hineinragendes Mundstück wieder zurückgeleitet wird. Die Stange, die also sowohl zur Kühlwasser-Zu- wie -Abführung dient, ist durch ein Rohr und einen am Rohr befestigten Ring in zwei durch den Kolben miteinander in Verbindung stehende Räume geteilt. Durch das Rohr selbst strömt das heiße Wasser ab.

Bei Tandemmaschinen benötigt man 2 Stangen, die in der

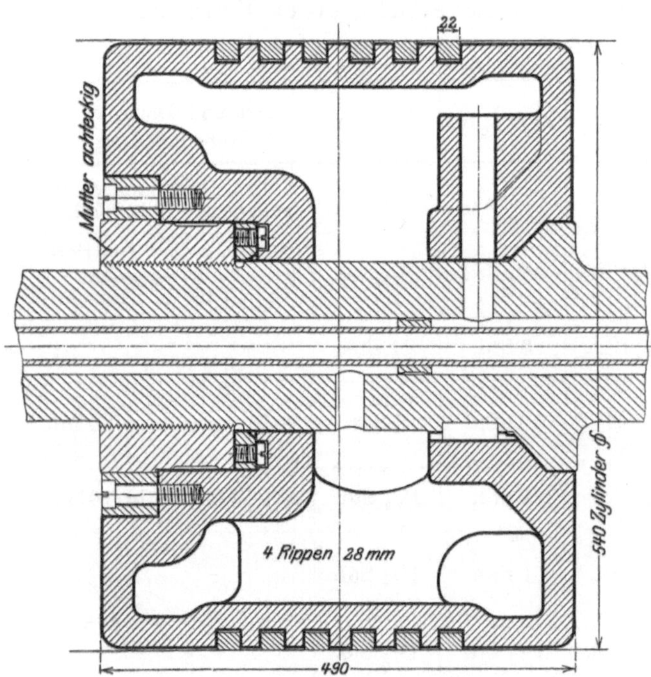

Fig. 141. (Gasmotorenfabrik Deutz.)

Mitte gekuppelt sind; man kann dann auf das eingeschobene Rohr verzichten, das Kühlwasser zu beiden Seiten der Kupplung zuleiten und vorn und hinten ableiten. Die für diesen Fall übliche Ausbohrung der Stange ist aus Fig. 142 oder 146 ersichtlich.

Der Kolbenkörper hat meist die Form eines Hohlzylinders mit gewölbten oder geraden Böden.

Plötzliche Querschnittsänderungen, scharfe Eindrehungen, ungleiche Wandstärken, die das Auftreten von Gußspannungen begünstigen, sind möglichst zu vermeiden.

Auch Rippen, die nach dem Gießen später erkalten als die Kolbenwandung, veranlassen oft das Entstehen von Rissen. Sie sind daher, falls man nicht lieber ganz auf sie verzichtet, sehr kräftig auszuführen, an den freien Kanten gut abzurunden und namentlich an den Ecken zwischen Kolbenboden und Kolbenmantel, sowie zwischen Kolbenboden und Nabe auszusparen, da in den Ecken leicht

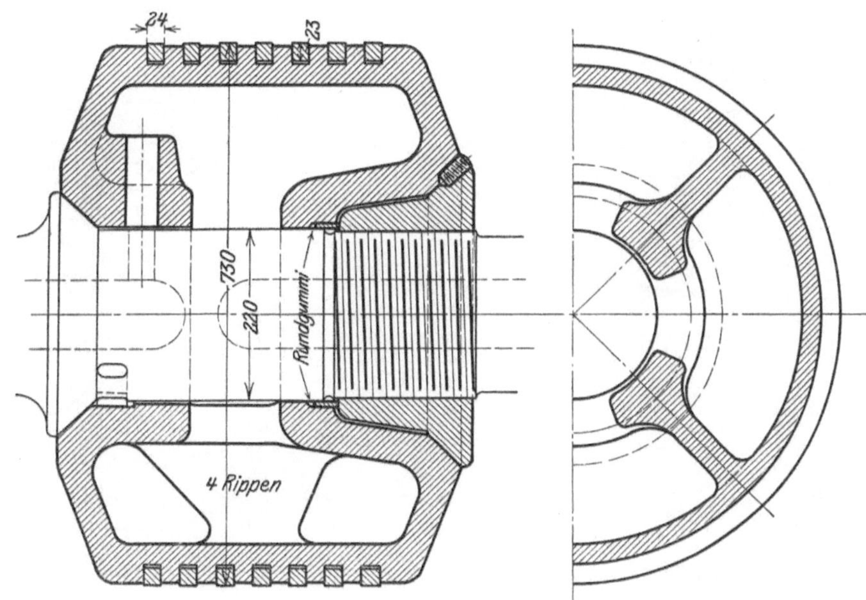

Fig. 142 und 143. (Gasmotorenfabrik Deutz.)

poröser Guß entsteht. Diese Aussparungen ermöglichen auch, daß das Kühlwasser ungehindert strömen kann und führen einen besseren Zusammenhang des Kernes herbei. In der Nabe treten infolge der Gußspannungen Zugbeanspruchungen auf, die im Betrieb, durch die Einwirkung von Temperaturspannungen, noch zunehmen und Risse verursachen können. Sofern man die Nabe oder den Kolben nicht teilen will (Fig. 148 und 149), soll man dafür sorgen, daß die Nabe womöglich auf ihrer ganzen Länge[1]) durch die Kolbenstangenbefestigung zusammengespannt wird (vgl. Fig. 142 und 143).

Die Bemessung der Wand- und Nabenstärken richtet sich bei den doppeltwirkenden Kolben in der Hauptsache nach der konstruktiven Gestaltung des Kolbenkörpers, für die in erster Linie gießereitechnische Gründe maßgebend sind und nach den Betriebserfahrungen. Die Kolbenwandungen müssen absolut dicht sein; die fertigen Kolben werden daher mit einem Wasserdruck von 20 Atm. abgepreßt.

---

[1]) R. Drawe, Z. Ver. deutsch. Ing. 1910, S. 265.

Im Gegensatz zu den Kolben der einfachwirkenden Viertaktmaschinen schleifen die Kolben der doppeltwirkenden Maschinen nicht auf der Zylinderwand. Das Gewicht des (wassergefüllten) Kolbens muß von der Stange aufgenommen und auf Gleitschuhe übertragen werden. Die Stange ist sehr kräftig auszuführen, damit ihre Durchbiegung gering ist und die Stopfbüchsen nicht ungünstig beansprucht werden.

Manche Firmen stellen die Kolbenstange derart her, daß sie im unbelasteten Zustand nach oben gewölbt ist. Unter der Last des Kolbens biegt sie sich durch und wird gerade.

Der Kolben sitzt meist (vgl. Fig. 141 bis 145) mit einem Konus von 45° auf der Stange und wird durch eine in die Kolbennabe eingelassene Mutter festgehalten.

Der Konus wird aufs genaueste im Kolben aufgeschliffen, da er eine tadellose Sitzfläche haben muß und auch gegen Wasserdruck abzudichten hat. Auf der Mutterseite wird die Abdichtung der Stange durch eine nachgiebige Dichtung

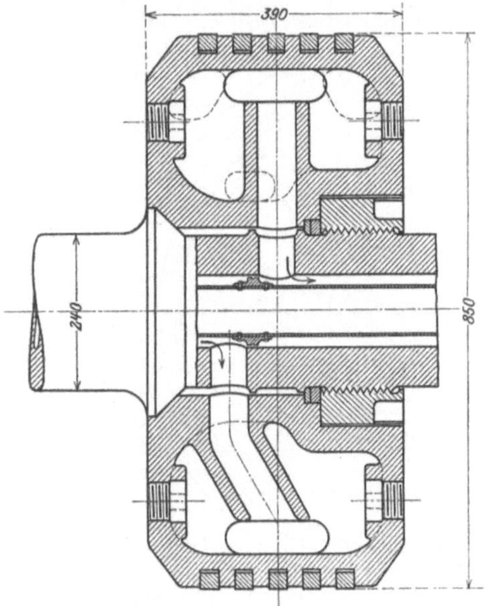

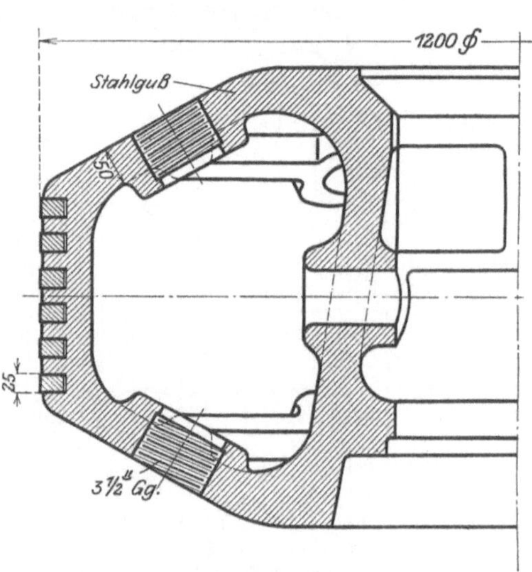

Fig. 144. (Maschinenfabrik Augsburg-Nürnberg.)   Fig. 145. (Maschinenfabrik Augsburg-Nürnberg.)

(Gummi, Blei, Weißmetall usw.) bewirkt, die entweder durch die Kolbenmutter (Fig. 141 bis 144) oder durch eine besondere Brille angedrückt wird. Die Kolbenmutter muß sehr fest angezogen werden und gut gesichert sein, damit ein Loswerden des Kolbens während des Betriebes ausgeschlossen ist. Um einer Drehung der Stange beim Festziehen zu begegnen, sichert man die Kolben auf der Stange noch mit einem Federkeil.

Die Kolbenringe sind bei den Schwebekolben der doppeltwirkenden Viertaktmaschinen günstiger beansprucht als bei den Kolben einfachwirkender Maschinen, bei denen durch die Kolbenreibung leicht ein einseitiger Verschleiß des Zylinders eintritt. Ihre Anzahl kann daher geringer genommen werden. Sie sind sehr locker in die Nuten einzupassen und gegen Verdrehen zu sichern; alle Ringe, oder wenigstens die beiden äußeren, erhalten an der Stoßstelle eine Zunge.

(Siehe die Fig. 6 und 7, 8 bis 10, 11 bis 12, die zu den Fig. 142 bis 143, 144, 145 gehören.)

Die Ringe werden meist mit halbrunden Ölverteilungsnuten versehen, die entweder ganz herumlaufen, oder vor der Stoßstelle auslaufen, oder exzentrisch gedreht sind.

Beschreibung einiger doppeltwirkender Kolben.

Fig. 141. Die Kolbennabe ist geteilt, die kräftigen Rippen sind in den Ecken durchbrochen. Über den Rundgummiring zum Abdichten der Stange legt sich ein schmiedeeiserner Ring, der durch kleine Schrauben am Drehen gehindert ist, so daß er sich beim Anziehen der Mutter nicht bewegen kann. Der achteckige Kopf der Mutter wird durch einen Sicherungsring festgehalten. Beim kräftigen Anziehen der Mutter treten in einem Teile der Nabe Druck-, in einem anderen Teile Zugspannungen auf. Dieser Nachteil wird vermieden durch eine Bauart nach Fig. 142 und 143. Hier erfährt die Kolbennabe beim Anziehen der Mutter nur Druckbeanspruchungen.

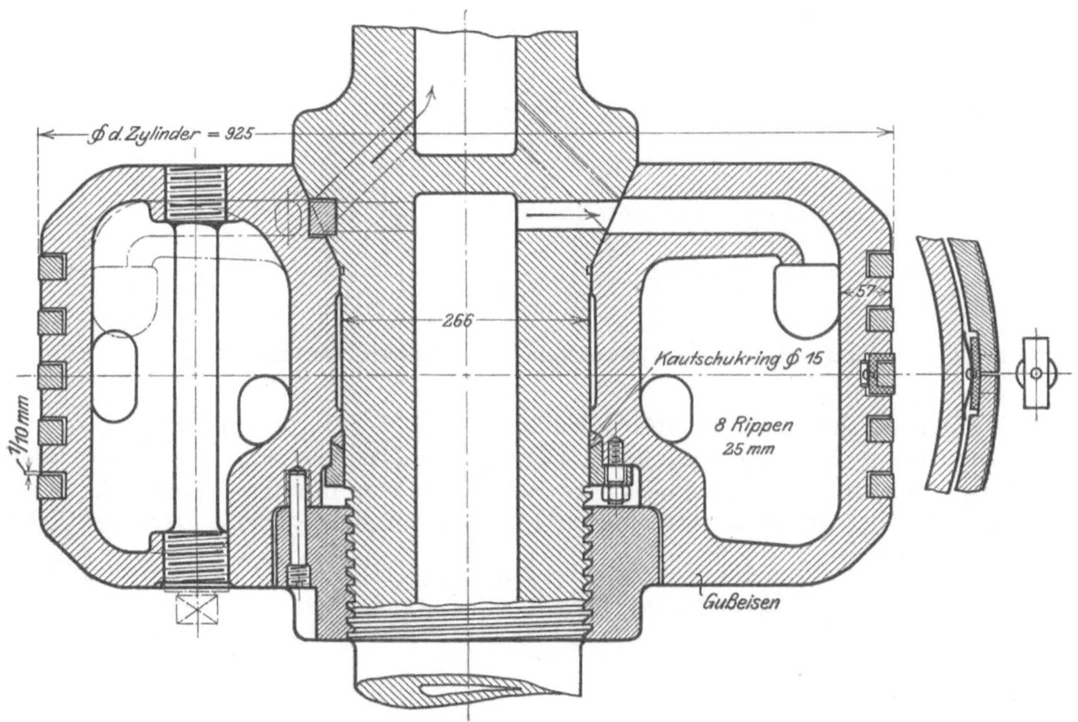

Fig. 146 und 147. (Elsässische M.-B.-G., Mülhausen.)

Die Nabe ist ebenfalls geteilt, so daß der Kern durch die Kolbenbohrung entfernt werden kann.

Einen ähnlichen Fortschritt in der konstruktiven Gestaltung, wie sie aus Fig. 141 bis 143 zu erkennen ist, zeigen die Fig. 144 und 145. Der Kolben Fig. 145 besteht aus Stahlguß und besitzt keine hohen Rippen. Nur zwischen den Kernöffnungen ist ein niedriger, durchlaufender Steg angeordnet. Die Wandstärke ist sehr gleichmäßig gehalten. Der Kolben Fig. 145 ist auch wesentlich kürzer als die Kolben Fig. 141 u. f. Daraus ergibt sich ein geringeres Gewicht des Kolbens und der Wasserfüllung und eine geringere Baulänge des Zylinders.

Bei Fig. 146 und 147 wären zu beachten: die Sicherung der Kolbenstange und Kolbenmutter gegen Drehen, die Abdichtung der Stange durch Rundgummi und Brille, der Verschluß der Kernlochöffnungen durch Stehbolzen, die gleichzeitig als Versteifung dienen, endlich die Abdichtung der Kolbenringe an der Stoßstelle.

Fig. 148 und 149. Diese Bauart, die allerdings nicht einfach ist, strebt zwei
Vorteile an. Sie will einerseits eine freie Ausdehnung der Kolbennaben ermöglichen und andrerseits nur ein kurzes Stück der Kolbenstange mit dem Kolben
verbinden.

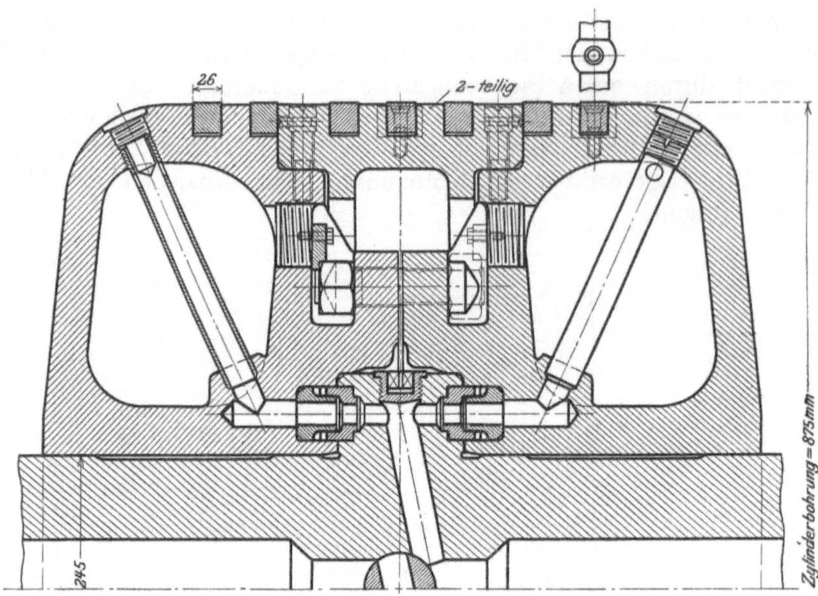

Fig. 148 und 149. (Schüchtermann & Kremer, Dortmund.)

Wird nämlich ein langes Stück der Stange mit der Nabe verschraubt, so besteht die Gefahr, daß bei ungleicher Erwärmung und ungleicher Ausdehnung[1]) eine
Lockerung eintritt oder eine Überanstrengung, falls man durch eine sehr hohe Mon-
tierungsspannung die zu erwartende Verlängerung ausgleichen will. Der eigentliche

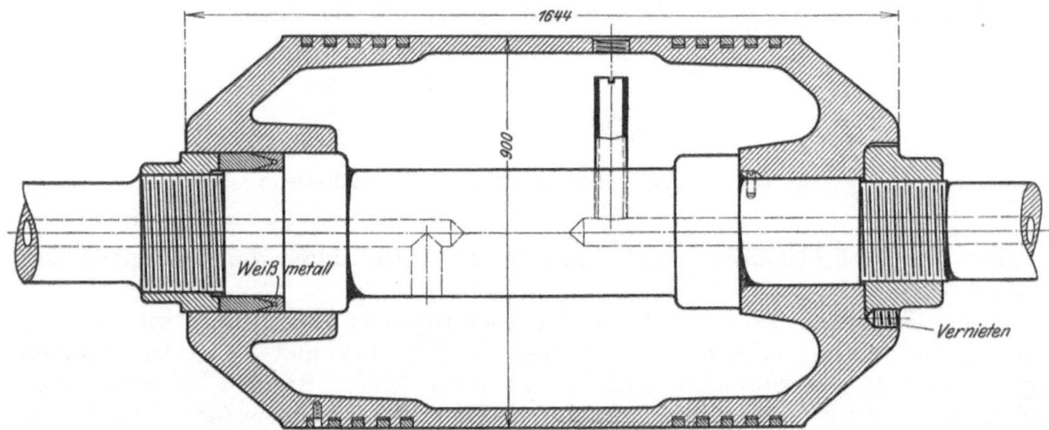

Fig. 150. Kolben einer Zweitaktmaschine. (Gebr. Körting.)

Kolbenkörper besteht aus 2 Teilen, die einen Bund der Stange umfassen. Das Mittel-
stück wird von einem zweiteiligen Kranz gebildet, der 3 Ringe aufnimmt und
durch 16 Schrauben mit den Seitenteilen verbunden ist. Die Verbindungsschrauben

---

[1]) Bei Erwärmung auf 100° wird eine 200 mm lange Stahlstange um $\sim {}^1/_{300}$ mm länger als
die Nabe aus Gußeisen.

können vor dem Einlegen des 2. und 6. Ringes durch eine Stellschraube gesichert werden.

In die Kolbenstange ist ein Hahn eingebaut, der bei Montage so gestellt werden kann, daß die Durchgangsquerschnitte für das Kühlwasser die gewünschte

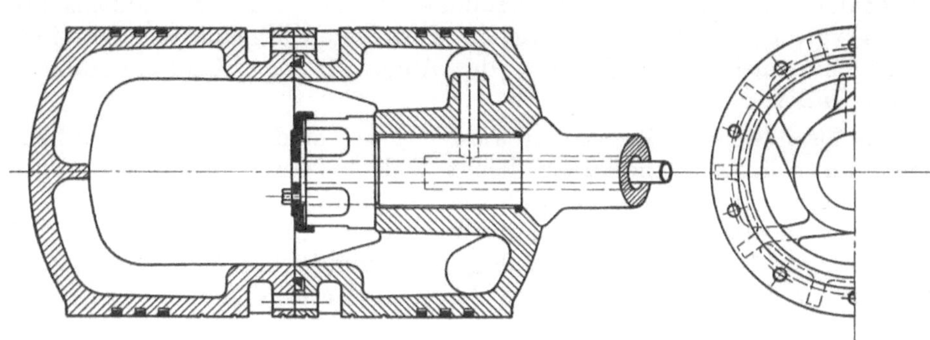

Fig. 151 und 152. Kolben einer Zweitaktmaschine.

Größe besitzen. Von weiteren Einzelheiten beachte man die Zuleitung des Kühlwassers, die Sicherung der Muttern, die zum Zusammenschrauben der Seitenteile dienen und die Stoßstellen der Kolbenringe.

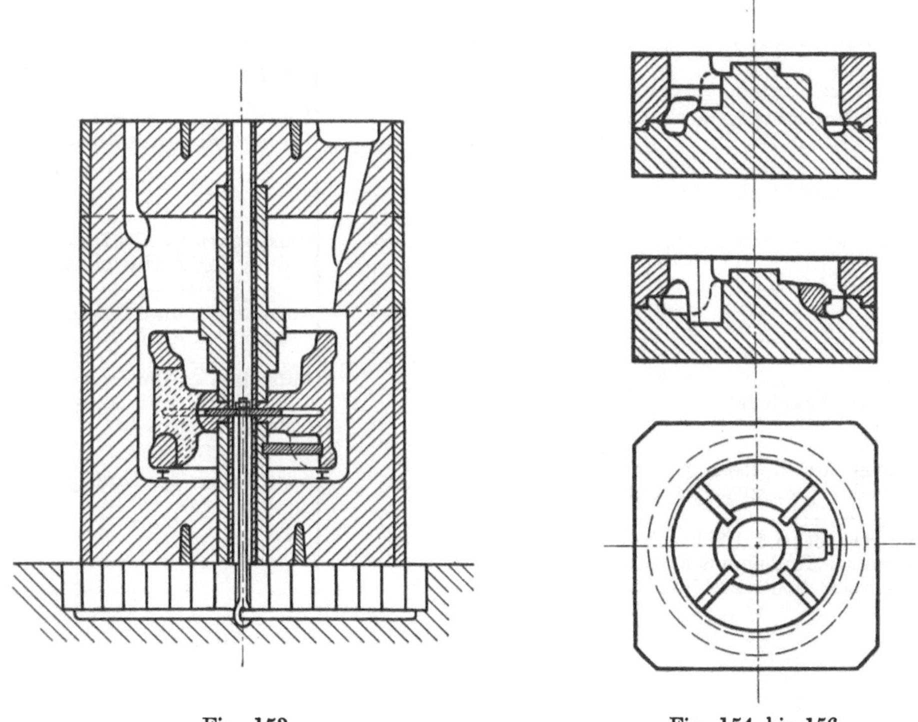

Fig. 153.   Fig. 154 bis 156.

In Fig. 150 ist ein Kolben von 900 mm Durchmesser einer Körtingschen Zweitaktmaschine dargestellt. Dieser Kolben besitzt eine große Baulänge, da er in seinen Totlagen die in Mitte Zylinderbahn angeordneten Ausströmschlitze öffnen muß. Um eine freie Ausdehnung des langen Kolbens zu ermöglichen, ist nur eine Nabe fest mit der Kolbenstange verschraubt. Die andere Nabe kann sich auf einem Bund der Stange verschieben und wird durch einen genuteten Weißmetallring abgedichtet.

Fig. 151 und 152 zeigen ebenfalls einen Kolben einer Zweitaktmaschine [1]). Es ist ein zweiteiliger Schleifkolben von 650 mm Durchmesser, dessen Rippen tangential an die Nabe auschließen, um Gußspannungen und Formänderungen zu verringern.

Herstellung. Fig. 153 veranschaulicht die Gußform des Kolbens Fig. 141. In Fig. 154 bis 156 sind die erforderlichen Kernkasten abgebildet. Sie sind zweiteilig, mit herausnehmbaren Rippen; das Auge für den Kühlwasserabfluß sitzt lose an der Nabe.

Da das Eisen sehr heiß gegossen werden muß, sind die Kerne aus Lehm anzufertigen, da sich bei Sandkernen leicht Teile loslösen und das Gußstück gefährden könnten. Der Kern, der nach dem Guß im Eisen schwimmt, ist gut zu lagern und durch eine kräftige Verankerung gegen Auftrieb zu sichern. Sobald er gut verankert ist, werden die aus Fig. 153 ersichtlichen Kernstützen entfernt. Die Bearbeitung des Kolbens geht aus der Zahlentafel V hervor.

Zahlentafel V.

	Gesamter Zeitaufwand für die Bearbeitung eines doppeltwirkenden Kolbens von 540 mm Durchm.	Art und Dauer der Nebenarbeiten
Verlornen Kopf abstechen	4 Stunden	Aufspannen auf Planscheibe $^1/_2$ Std.
Kolben und Kolbenstangenloch vordrehen. 2 Schnitte	16 ,,	Umspannen u. Ausrichten f. Bearbeitung der Stirnflächen $^3/_4$ Std.
Nuten eindrehen (6 Stück zu $1^1/_2$ Std.)	9 ,,	
Fertigdrehen außen und innen. 2 Schnitte	17 ,,	Umspannen u. Ausrichten f. Bearbeitung der Stirnflächen $^3/_4$ Std.
Keilnut stoßen	$1^1/_2$,,	Aufspannen und Ausrichten auf der Stoßbank $^1/_2$ Std.
Stangenkonus einschleifen	12 ,,	Aufstellen u. Befestigen des Kolbens $^1/_2$ Stde., Aufhängen der Stange im Kran $^1/_4$ Std.
Verschrauben des Kolbens mit der Stange und Abpressen auf 20 Atm.	3 ,,	Anschließen der Druckpumpe $^1/_2$ Std.
Vorbohren der Löcher f. d. Schrauben z. Sicherung d. Kolbenmutter (mit transportabler Bohrmaschine) . .	2 ,,	

C. Pumpenkolben.

Die Pumpenkolben dienen

    1. zum Fördern von Flüssigkeiten,

    2. zum Fördern von Gasen oder Dämpfen,

    3. zum Fördern von Gas- und Flüssigkeitsgemischen.

---

[1]) Siehe Rieppel, Der Großgasmaschinenbau in Amerika. Z. Ver. deutsch. Ing. 1909, S. 2119.

1. Kolben zum Fördern von Flüssigkeiten.[1])

a) Rohrkolben, Tauchkolben, Mönchskolben oder Plunger.

Mit diesen Namen bezeichnet man jene Kolben, deren Baulänge größer ist als der Durchmesser. Zu den Tauchkolben gehören auch die rohrförmigen Stufenkolben (Fig. 178, 179 usw.). Tauchkolben sollen gut geführt sein. Der Kolben und die Führung sind so zu bemessen, daß die Gleitfläche des Kolbens in den Totlagen die Gleitfläche der Führung um einige Millimeter überschleift.

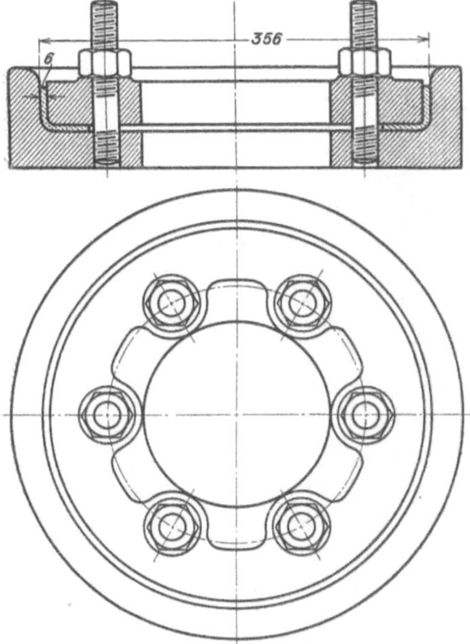

Damit ein sicheres Abdichten erzielt wird, also weder Flüssigkeit austreten, noch Luft eintreten kann, müssen die Kolben entweder 1. in einer Stopfbüchse laufen oder 2. mit einer Liderung versehen oder 3. eingeschliffen sein. Ausführungen nach 2 und 3 sind für Tauchkolben wenig üblich.

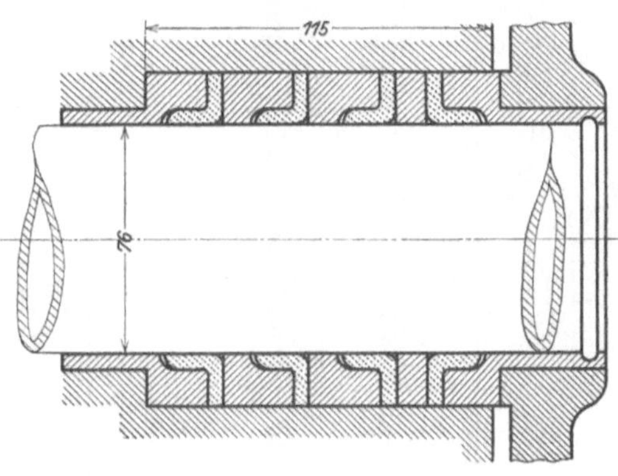

Fig. 157 und 158.   Fig. 159.

Stopfbüchsendichtungen sollen während des Betriebes von außen nachstellbar sein. Man soll sich auf einfache Weise überzeugen können, ob die Büchse gut abdichtet. Die Packung soll sich leicht auswechseln und erneuern lassen. (Bei allen Packungen, die aus geschlossenen Ringen bestehen, z. B. bei Ledermanschetten und manchen Metallpackungen ist der Ausbau meist umständlich.) Als Packungsmaterial kommt für hohe Pressungen, sand- und säurefreies, kaltes Wasser und für geringere Kolbengeschwindigkeiten namentlich Leder in Frage, in Form von winkelförmigen oder U-förmigen Manschetten. Ledermanschetten werden in besonderen Pressen (Fig. 157 und 158) hergestellt, und zwar derart, daß eine Lederscheibe von entsprechender Größe in lauwarmem Wasser eingeweicht und hierauf

---

[1]) Sind stündlich Q cbm anzusaugen, so ist

$$Q = \frac{D^2 \pi}{4} \cdot s \cdot 60\, n \cdot i \cdot \lambda,$$

dabei ist

$D =$ Durchmesser des Kolbens (m),
    (Bei Stufenkolben der Durchmesser des großen Kolbens)
$s =$ Kolbenhub (m),
$n =$ Umdrehungen in 1 Minute,
$i = 1$ für einfachwirkende Kolben und Stufenkolben,
$i = 2$ für doppeltwirkende Kolben,
$\lambda =$ Lieferungsgrad $= 0,85$ bis $0,95$.

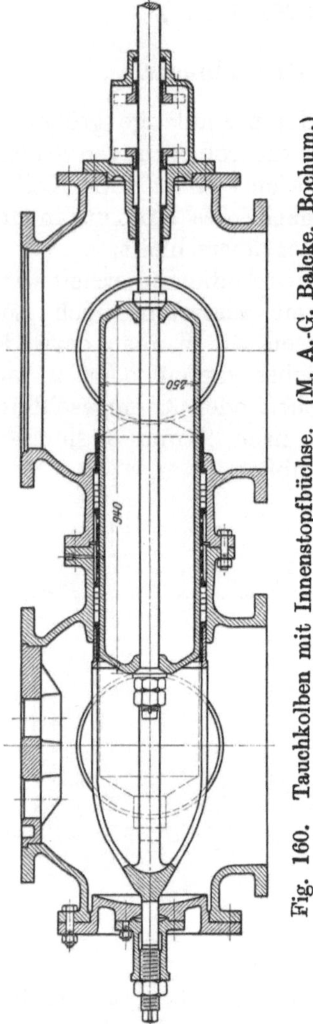

Fig. 160. Tauchkolben mit Innenstopfbüchse. (M. A.-G. Balcke, Bochum.)

Fig. 161 und 162. Tauchkolben mit Innenstopfbüchse. (Hoddick & Röthe, Weißenfels.)

in die Form gespannt wird. Die Manschette ist so zu biegen, daß stets die äußere, festere Seite des Leders, die sog. „Haarseite", der Reibung ausgesetzt wird.

Fig. 159 zeigt eine Stopfbüchse, die aus vier Manschetten mit zwischenliegenden Metallringen besteht. Drei Lederringe dichten gegen den Flüssigkeitsdruck ab, der vierte gegen den Luftdruck.

Gut bewährt haben sich auch Stopfbüchsen mit rechteckig geflochtenen, in Talg getränkten oder mit Talkum, Gummi usw. gefüllten Hanf- oder Baumwolleschnüren, wobei die Packungshöhe mindestens das sechsfache der Schnurstärke betragen soll.

Vielfach werden Stopfbüchsen mit Metallpackung verwendet, oder der Kolben in einer die Stopfbüchse ersetzenden langen Büchse geführt, in die mitunter Rillen eingedreht werden, die als Labyrinthdichtung dienen.

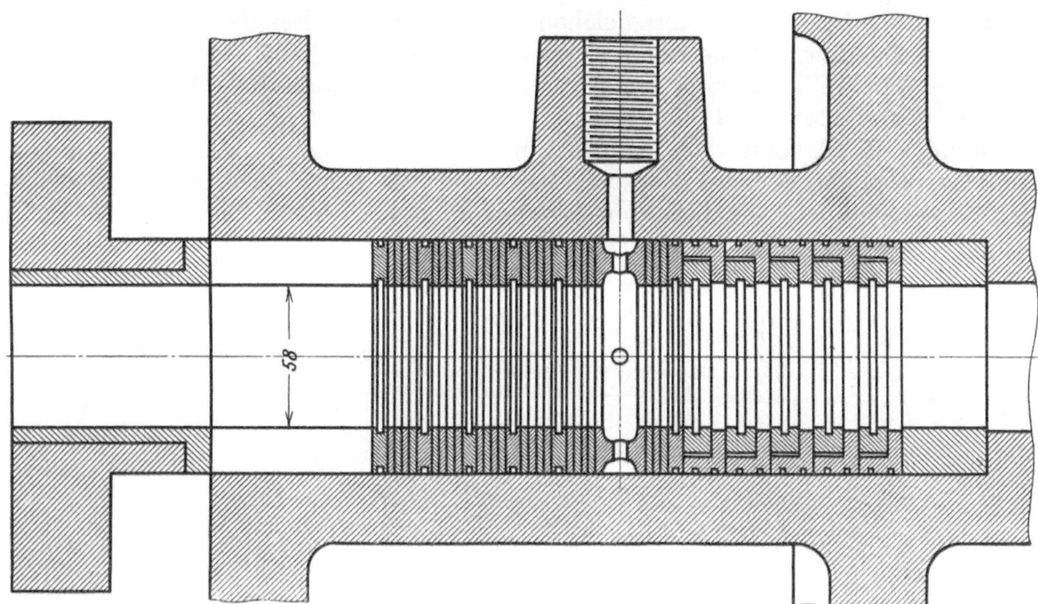

Fig. 163. Stopfbüchse. (Weise & Monski, Halle.)

So erfolgt in Fig. 160 die Abdichtung durch eine von außen nachstellbare, doppelte Innenstopfbüchse. Der Kolben wird außerdem in einem Rotgußring geführt, der zwischen den beiden Stopfbüchsen liegt und gleichzeitig die Schmierung des Kolbens mit einem Schmierstoff ermöglicht, der von einer Presse dauernd zugeführt wird. Die Stopfbüchsen bestehen aus je vier federnden Gußeisenringen, die sich abwechselnd nach innen und außen anlegen, und einer Weichpackung. Zum Nachziehen der Packung dient eine mit vier Öffnungen versehene Haube aus Stahlguß und eine Druckschraube.

Die Innenstopfbüchse Fig. 161 und 162 (D.R.P.) ist ebenfalls mit Metallpackung versehen. Sie läßt sich während des Ganges mit Hilfe einer Schnecke und eines Schraubenrades nachstellen und jederzeit von außen her auf Dichtheit prüfen.

In Fig. 163 ist eine von der Firma Weise & Monski in Halle a./S. für Hochdruck- und Preßpumpen bis zu 500 Atm. verwendete Metallpackung abgebildet. Sie besteht aus fünf Kammerringen, in die mit Nut versehene Bronzeringe schließend

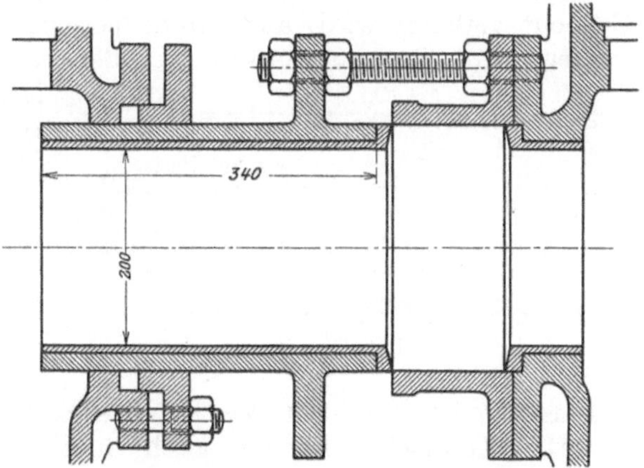

Fig. 164. Mantelstopfbüchse. (Weise & Monski, Halle.)

eingepaßt sind. Dann folgen Lederscheiben, der Ölverteilungsring und hierauf abwechselnd Lederscheiben und genutete Rotgußringe. Den Schluß bildet eine Weichpackung.

Die Nuten in den Ringen haben den Zweck, den Druck des durchtretenden Preßwassers allmählich zu verringern.[1])

Aus Fig. 164 geht noch die Konstruktion der sog. „Mantelstopfbüchse" einer doppeltwirkenden Pumpe der gleichen Firma hervor. Bei dieser Stopfbüchse ist nur eine Packung für die Abdichtung des Kolbens nach beiden Seiten vorhanden, wodurch die Kolbenreibung sehr verringert wird. Außerdem besitzt die Stopfbüchse den Vorteil, daß sie zweimal zentrisch geführt ist und daher auch von unkundiger Hand nicht schief angezogen werden kann. Sie eignet sich besonders für elektrisch angetriebene Pumpen, bei denen ein hoher mechanischer Wirkungsgrad erwünscht ist. Zu beachten ist auch die Stopfbüchse Fig. 246, bei der ein aufgeschraubter Ring das Schiefziehen verhindert.

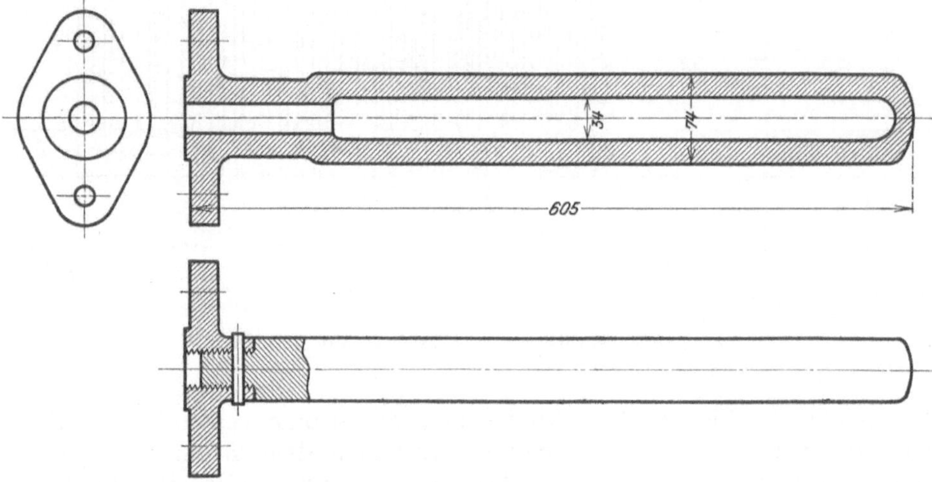

Fig. 165 bis 167.

Ausführung der Rohrkolben. Der Kolbenkörper ist möglichst leicht zu gestalten. Natürlich muß er den von außen auf ihn einwirkenden Kräften mit Sicherheit widerstehen können.

Der Kolbenkörper ist fast immer aus Gußeisen, selten (wenn sehr geringes Gewicht verlangt wird) aus Schmiedeeisen; für säurehaltiges Wasser, z. B. Grubenwasser, wird Rotguß verwendet, oder es wird der Gußeisenplunger mit einem Messingmantel versehen. Rotguß ist auch zu empfehlen, wenn häufig ein längerer Stillstand der Pumpen zu erwarten ist. Bei kleinem Durchmesser werden Gußkolben voll hergestellt, bei größerem Durchmesser als Hohlkörper, meist mit kegelförmigem Kolbenboden.

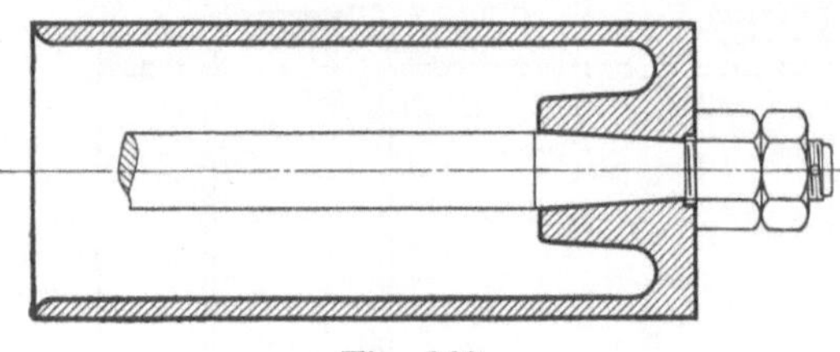

Fig. 168.

Die Kernöffnung wird durch einen Gewindepfropfen verschlossen (Fig. 173, 174 usw.) oder durch ein Verschlußstück (Fig. 178).

Die Kernlöcher können auch durch die Kolbenstange verschlossen werden (Fig. 160, 161 usw.) oder durch Deckel, die zum Befestigen der Kolbenstange dienen (Fig. 173).

---

[1]) Nach Bach beruht die Wirkung der Labyrinthdichtung nicht auf der Verkleinerung des Ausflußkoeffizienten. Vielmehr füllen sich die Nuten mit Schmiermaterial und wirken dann ähnlich wie Liderungsringe.

Bei einfach wirkenden Pumpen bilden Kolben und Kreuzkopf häufig ein Gußstück (Fig. 169) oder sind unmittelbar miteinander verbunden (Fig. 178, 181 usw.).

Dient zur Verbindung eine besondere Kolbenstange, so ist sie mittels Konus in den Kolbenkörper eingepaßt (Fig. 168) oder eingeschraubt oder mit Flansch versehen, der durch Schrauben am Kolbenkörper befestigt wird (Fig. 174, 175) oder mit dem Deckel des Rohrkolbens verbunden (Fig. 173) oder endlich als durchgehende Stange ausgeführt (Fig. 160 bis 162 usw.).

Beschreibung einiger Rohrkolben. Fig. 165 bis 167: Hohler und voller Kolben einer Preßpumpe.

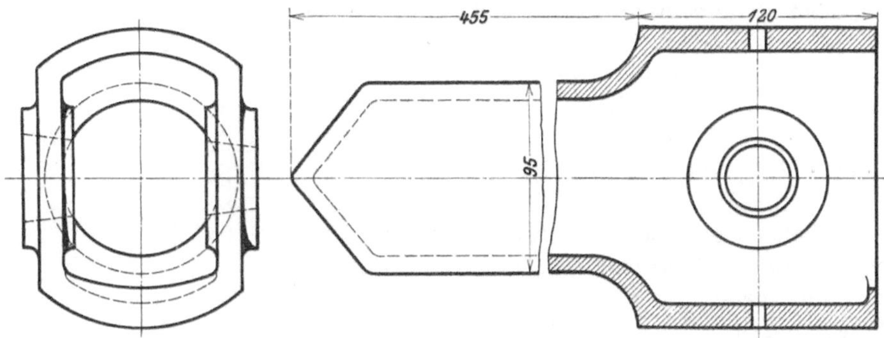

Fig. 169 und 170. (Garvenswerke.)

Fig. 168: Offener Rohrkolben, für einfachwirkende und doppeltwirkende Pumpen brauchbar.

Fig. 169 und 170: Einfachwirkender Kolben einer Expreßpumpe von 250 bis 450 Umdr. i. d. Min. Kolbenrohr und Kreuzkopf bilden ein Gußstück. Um eine günstige Wasserströmung herbeizuführen, ist der Kolbenboden kegelförmig gestaltet.

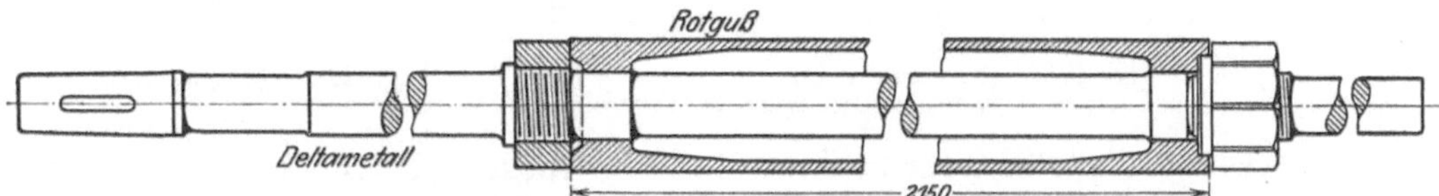

Fig. 171. (Thyssen & Co., Mülheim-Ruhr.)

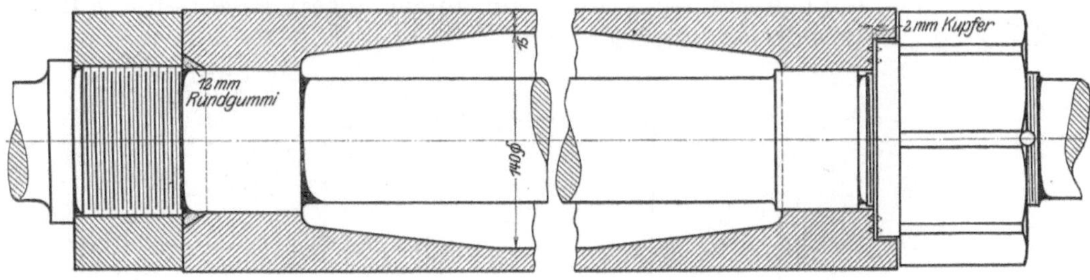

Fig. 172. (Zu Fig. 171.)

Fig. 161 und 162: Doppeltwirkender Kolben mit durchgehender Kolbenstange, die mit zwei konischen Sitzen versehen ist und durch einen Keil befestigt wird.

Fig. 171 und 172: Kolben einer Wasserhaltungsmaschine für saures Grubenwasser. Kolben aus Rotguß, Stange aus Deltametall. Der Kolben sitzt genau passend auf zwei geschliffenen, zylindrischen Bunden und wird durch eine Rotgußmutter fest gegen einen aufgeschraubten Ring gespannt. Die Abdichtung der Mutter erfolgt durch eine Kupferscheibe, die des Ringes durch Rundgummi.

Fig. 173: Gußeiserner Kolben einer Wasserwerksmaschine.

Das untere Kernloch ist durch einen Stopfen von $3^1/_2''$ Gasggewinde verschlossen, das obere durch einen schmiedeeisernen Deckel. Das Ende der Kolbenstange ist mit Konus versehen, der in den Deckel sauber eingeschliffen wird.

Fig. 174: Beide Kernöffnungen sind mit Kernlochstopfen verschlossen. Das Kolbenstangenende ist als Flansch ausgebildet und mit dem Kolbenkörper verschraubt.

Fig. 175 und 176: Kolben aus Schmiedeeisen.

Mit einem Mannesmannrohr von 300 mm l. W. ist ein Kopf- und Bodenstück verschweißt.

Nach dem Schweißen wird der Kolben abgedreht und auf Maß geschliffen. Die Kolbenstange ist wie in Fig. 174 befestigt.

Fig. 177. Gegenkolben für eine Bohrloch- oder Tiefbrunnenpumpe.

Die Kolbenstange trägt an ihrem oberen Ende einen aufgeschraubten Kreuzkopf, mit dem andren Ende wird das Gestänge eines Arbeitskolbens nach Fig. 203 verbunden.

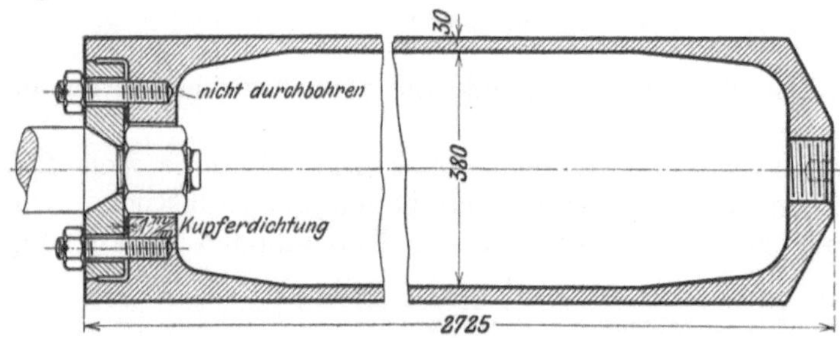

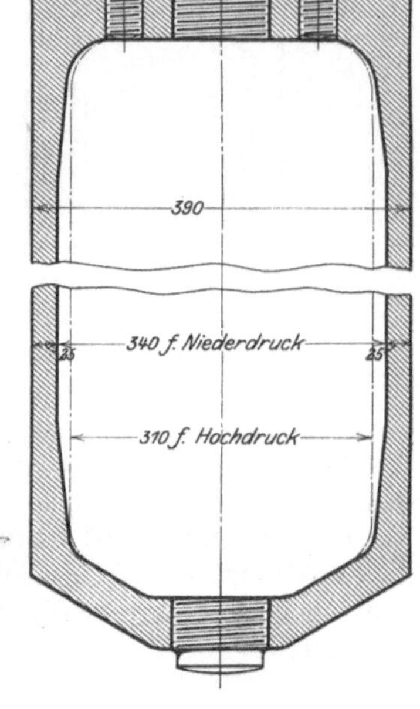

Fig. 173. (Thyssen & Co.)   Fig. 174. (Thyssen & Co.)

Fig. 178. Stufenkolben für 20 Atm. Betriebsdruck. Kolbenboden kegelförmig. Abschluß des Kernloches durch einen konischen Deckel und Kupferringe, die einer nach dem anderen eingestemmt werden.

In das vordere Ende des Kolbens ist ein kurzer Schaft geschraubt, auf den der Kreuzkopf mittels Keil festgezogen wird.

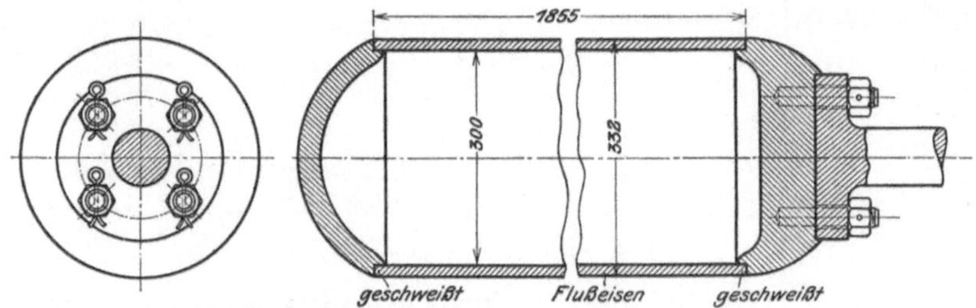

Fig. 175 und 176. (Sächsische Maschinenfabrik vorm. R. Hartmann, Chemnitz.)

Fig. 179 und 180. Stufenkolben von 225 und 160 mm Durchmesser. Kernlochverschluß durch einen eingeschraubten Pfropfen.

Führungsbüchse mit Dichtungsnuten.

Fig. 181 und 182. Stufenkolben einer stehenden Pumpe.

An den Rohrkolben, der den Kreuzkopf trägt, schließt sich unten ein Scheibenkolben an, der mit schräg aufgeschnittenen Ebonitringen versehen ist. Die Ebonitringe liegen in Zwischenringen.

Durch Konstruktionen nach Fig. 179 und Fig. 181 vermeidet man die Stopfbüchsen für den großen Kolben und verringert dessen Baulänge sowie das Gewicht der bewegten Massen.

Berechnung der Wandstärke.

Für geringe Flüssigkeitspressungen p mache man mit Rücksicht auf die Herstellung die Wandstärke s gegossener Tauchkolben mindestens $=\dfrac{D}{50}+10$ mm für stehend gegossene und mindestens $\dfrac{D}{40}+12$ mm für liegend gegossene Kolben, sofern nicht aus

$$s = r_a \cdot \frac{p}{k}$$

ein größerer Wert folgt.

Für hohe Pressungen ist nach Bach der äußere Kolbenhalbmesser

$$r_a = r_i \cdot \sqrt{\frac{k_d}{k_d - 1{,}7\,p}} + (0{,}2 \text{ bis } 0{,}5 \text{ cm})$$

$r_i =$ innerer Kolbenhalbmesser

$k_d =$ zulässige Druckspannung.

Kugelige Kolbenböden vom äußeren Wölbungshalbmesser R_a sind bei geringerem Druck nach

$$s = \frac{1}{2} R_a \frac{p}{k_d},$$

bei höheren Pressungen nach

$$R_a = R_i \sqrt[3]{\frac{k_d}{k_d - 1{,}05\,p}}$$

zu berechnen.

Die Wandstärke ebener, unverrippter Böden sei

$$\geqq r_a \sqrt{\frac{p}{k_{Biegung}}}.$$

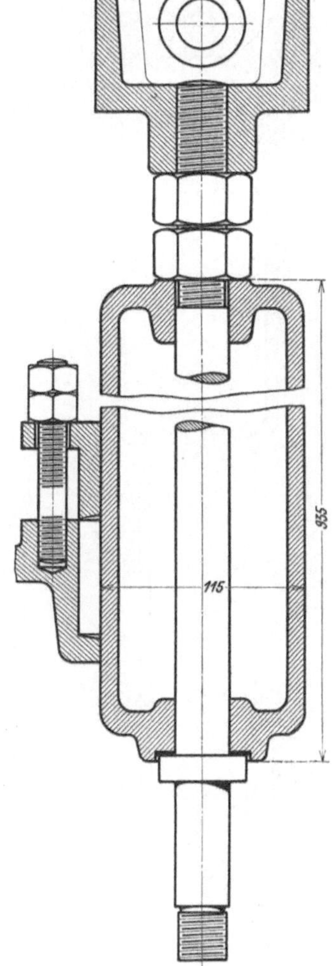

Fig. 177. (Garvenswerke.)

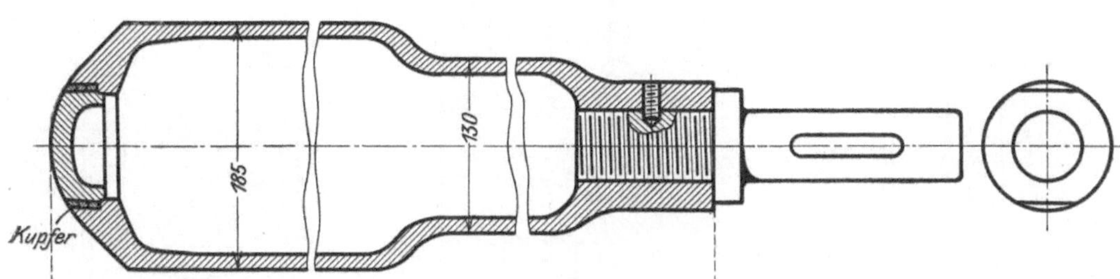

Fig. 178. Stufenkolben. (Sächsische Maschinenfabrik vorm. R. Hartmann, Chemnitz.)

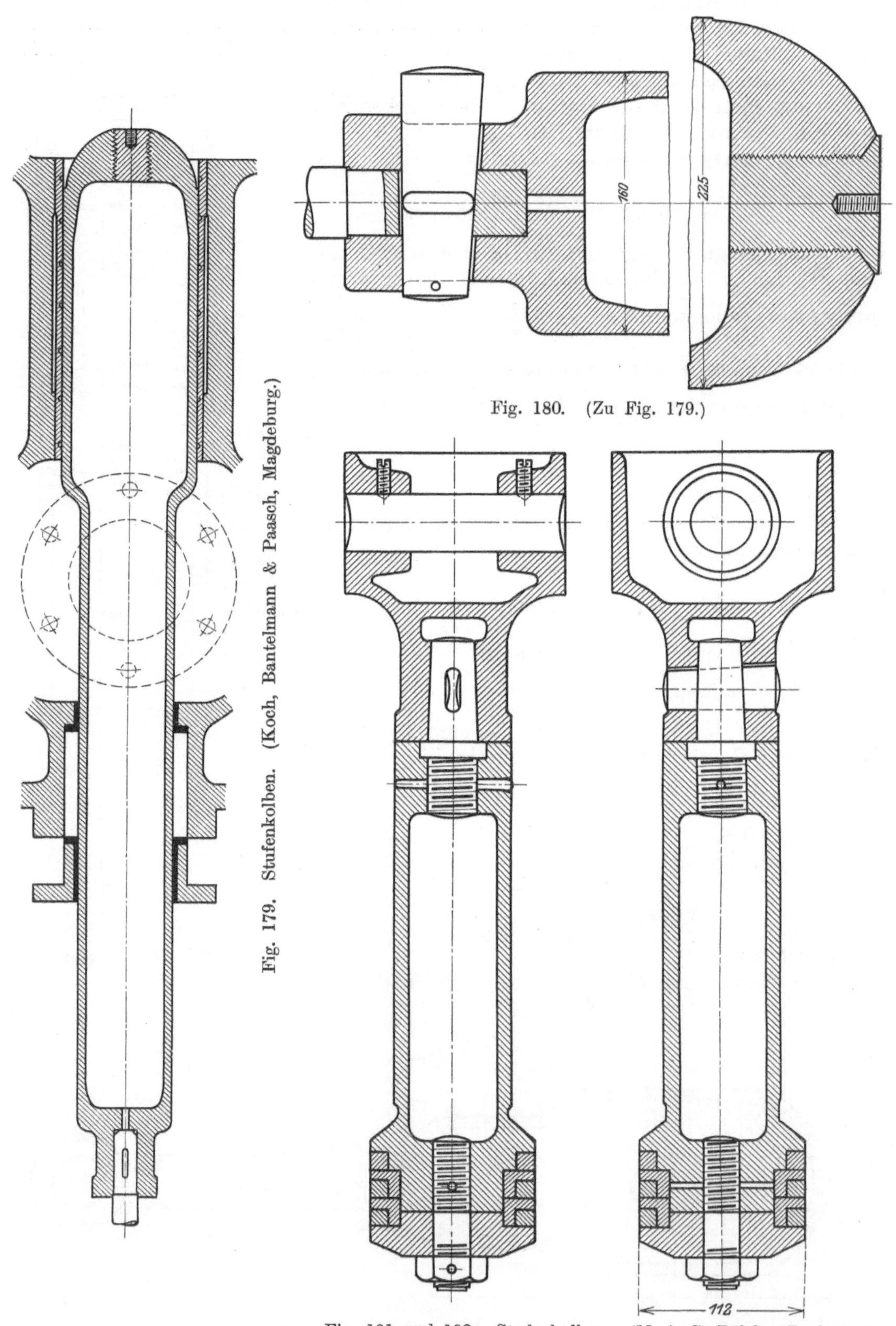

Fig. 179. Stufenkolben. (Koch, Bantelmann & Paasch, Magdeburg.)

Fig. 180. (Zu Fig. 179.)

Fig. 181 und 182. Stufenkolben. (M. A.-G. Balcke, Bochum.)

Herstellung eines Tauchkolbens.

Das Modell und die Gußform für einen Tauchkolben sind aus Fig. 183 und 184 ersichtlich. Der Kern (Fig. 185) wird mittels Kernschablone in Lehm geformt. Ein durchlochtes Rohr dient dabei als Stütze und als Gasabzug für den fertigen Kern. Das Kernbrett wird mit 2 Armen versehen, die ein zentrisches Drehen des Brettes um das Rohr ermöglichen. Soll mit der gleichen Schablone ein etwas kleinerer oder größerer Kern für einen Kolben von etwas größerer oder kleinerer Wandstärke gedreht werden, so sind die Arme entsprechend zu verändern.

Das Modell mit „verlorenem Kopf" und „Umlauftrichter" versehen, ist zweiteilig, läßt sich also in zweiteiligem Kasten einformen.

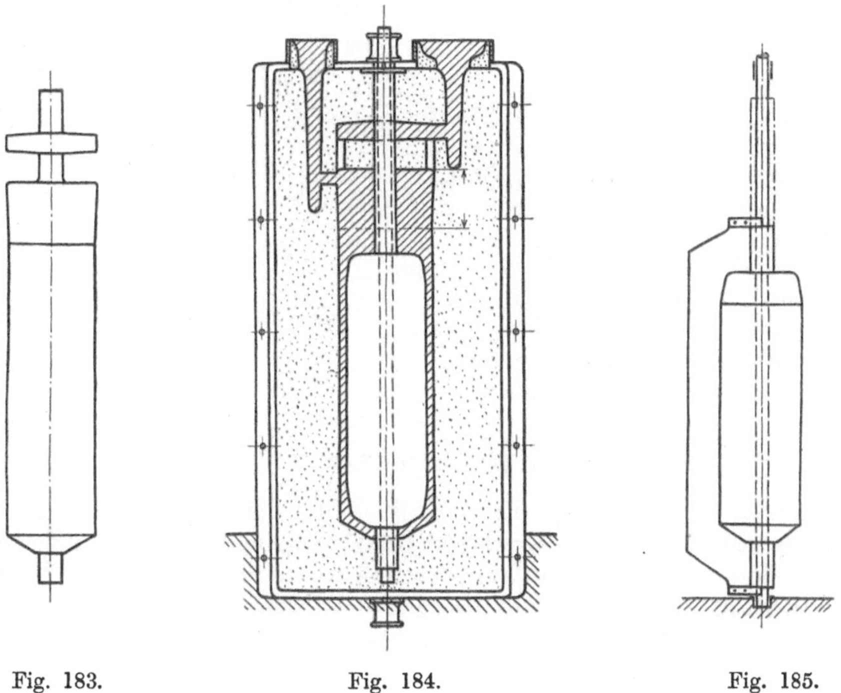

Fig. 183.   Fig. 184.   Fig. 185.

Nach dem Einlegen des Kernes werden die beiden Kastenhälften fest zusammengespannt und das Ganze aufrecht gestellt, da das Gießen des Kolbens stehend erfolgen muß. Der Aufbau der gußfertigen Form geht aus Fig. 184 hervor. Damit etwa herabfallender Sand nicht in die Form gelangen kann, werden der Einguß und der Steiger nach unten zu ein Stück sackartig verlängert. Der sog. „Umlauftrichter" hat den Zweck, das Eisen durch mehrere kleine Kanäle gleichmäßig zu verteilen und mitgerissene Schlacke zurückzuhalten. Von großem Wert ist es auch, daß das flüssige Eisen dadurch sofort an die Wandung gelangt, ohne erst auf den Kern zu prallen. Der Kern selbst muß nach oben hin gut verkeilt sein, damit er durch den Auftrieb des Eisens nicht verschoben wird. Die erwähnten Kanäle, die den Umlauftrichter mit dem verlorenen Kopf verbinden, sind im Modell nicht vorhanden, sondern werden nach dem Einformen von Hand eingeschnitten (vgl. Fig. 225, mit Guß „von unten").

Nachfolgend ist noch der Bearbeitungsgang des in Fig. 171 dargestellten Kolbens nebst Stange angegeben.

Kolben	Zeit-aufwand	Stange	Zeit-aufwand
1. Einspannen des Kolbens am verlorenen Kopf auf der Planscheibe. Körnerscheibe vor das Kernloch des anderen Endes legen und Reitstock davor spannen	$^1/_2$ Std.	1. Zentrieren	$^1/_2$ Std.
		2. Stange zwischen die Spitzen nehmen	$^1/_2$,,
		3. Lauf für die Lünette vordrehen . .	$^3/_4$,,
2. Vordrehen am Umfang bis auf 0,4 mm Zugabe im Durchmesser fürs Schleifen (2 Schnitte)	$5^1/_2$,,	4. Die Stange vorschrubben bis zur Lünette. Umspannen und Vorschrubben des anderen Endes bis zur Lünette	8 ,,
3. Verlorenen Kopf einstechen	20 Min.	5. Die Stange gerade richten	2 ,,
4. Reitstock zurückschieben u. Lünette aufsetzen	20 ,,	6. Fertigdrehen (2 Schlichtschnitte) . .	12 ,,
5. 1. Stirnfläche bearbeiten und Bohrung fertigdrehen für Schiebesitz nebst Vertiefung für die Kolbenstangenmutter. (3 bis 4 Schnitte) .	2 Stdn.	7. Gewinde schneiden für Ring und Mutter auf der Stange	3 ,,
6. Verlorenen Kopf absprengen und Umspannen des Kolbens	$^1/_2$ Stde.	8. Konus in den Kreuzkopf einpassen	$1^1/_2$,,
7. 2. Stirnfläche bearbeiten und Bohrung fertigdrehen für Schiebesitz nebst Konus für den Gummiring. (3 bis 4 Schnitte)	$1^3/_4$ Std.	9. Keilloch in die Stange einfräsen . .	4 ,,
8. Aufspannen zum Schleifen (Dorne einsetzen in die Bohrungen)	$^1/_2$ Std.		
9. Fertigschleifen	$1^1/_2$ Std.		

b) Scheibenkolben.

Die konstruktive Gestaltung dieser Kolben, bei denen die Breite geringer ist als der Durchmesser und die bei Pumpen im allgemeinen nur für niedrige Drücke verwendet werden, ist ebenfalls außerordentlich mannigfaltig, namentlich in bezug auf die Abdichtung gegen die Zylinderwand. Ist der Scheibenkolben nicht, wie für einige wenige Zwecke gebräuchlich, eingeschliffen[1]), so trägt er bei allen sonstigen Ausführungen eine Liderung aus Holz, Leder, Gummi, Hartgummi, Stahl, Gußeisen, Rotguß oder Messing.

Für die Kolben mit Holzliderung verwendet man stets gutes, astfreies Eichen-, Pappel- oder Ahornholz und legt die Faser in die Bewegungsrichtung. Es werden einzelne Stücke durch Dübel zu einem Ring verbunden oder Holzsegmente auf federnde Stahlringe gelegt. Solche Kolben werden mitunter bei den Warmwasserpumpen der Kondensationsmaschinen verwendet und sollen sich gut bewähren.

Scheibenkolben mit Lederdichtung eignen sich für doppeltwirkende und einfachwirkende Pumpen bei reinem, kalten Wasser ($t < 30^0$ C) bis 5 Atm. Pressung. Für die Ledermanschetten gilt das unter „Tauchkolben" Gesagte. Meist werden Scheibenkolben mit Liderungsringen verwendet. Sie sind auch für hohe Temperaturen geeignet und widerstehen bei richtiger Wahl des Materials allen chemischen Einflüssen. Die Ringe sind aus zähem Gußeisen, aus Bronze, Hartgummi usw. hergestellt. Hervorzuheben ist noch, daß ein Kolben mit Metall-Liderung jeder-

---

[1]) Eingeschliffene Kolben finden sich hauptsächlich bei Feuerspritzen und vereinzelt bei Kondensatorpumpen. Zylinder und Kolben sollen dann aus gleichem Material bestehen, um gleiche Ausdehnung zu erhalten.

zeit betriebsbereit ist, auch wenn er längere Zeit außer Betrieb war, während
z. B. Ledermanschetten bei längeren Ruhepausen etwas eintrocknen. Es dauert
dann stets einige Zeit, bis ein Kolben mit Ledermanschetten so gut arbeitet wie
ein solcher mit Metallringen. Näheres über Liderungsringe aus Metall, über Befestigung der Kolben auf der Stange usw. siehe unter „Dampfmaschinenkolben".

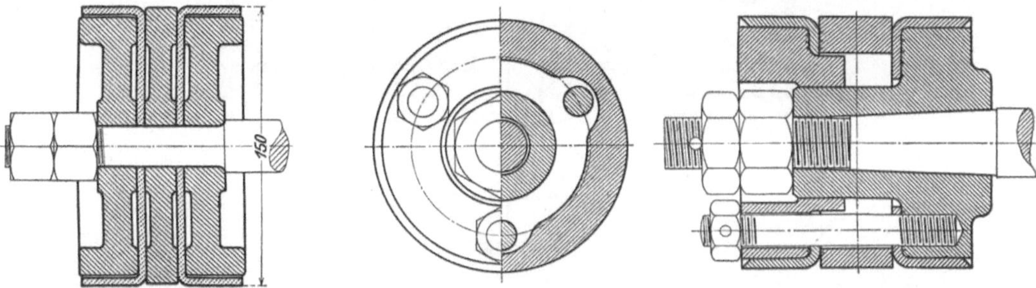

Fig. 186. Manschettenkolben. (Garvenswerke.)

Fig. 187 und 188. (O. Schwade & Co., Erfurt.)

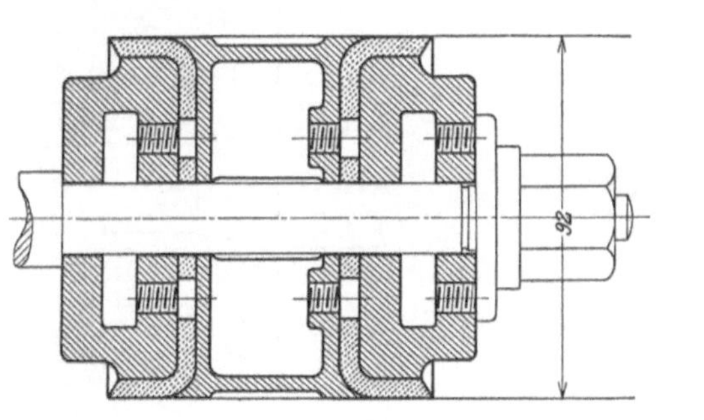

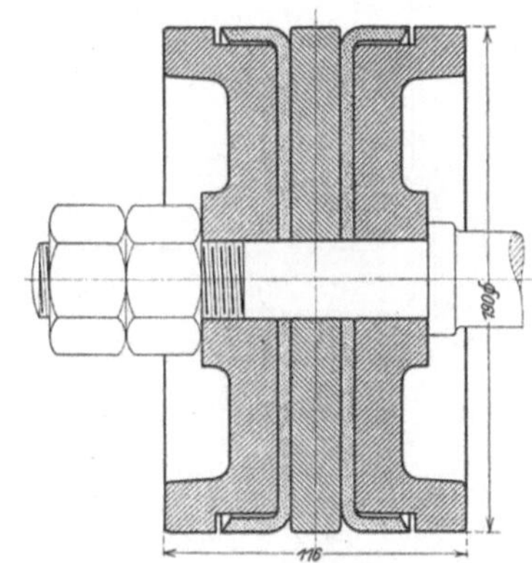

Fig. 189. (Hoddick & Röthe, Weißenfels.)

Fig. 190. (Garvenswerke.)

Im folgenden sollen einige bewährte Ausführungen von Scheibenkolben be-
schrieben werden.

Fig. 186 stellt einen Scheibenkolben mit Ledermanschetten dar, wie er für
Saug- und Druckpumpen üblich ist. Die durchgehende Kolbenstange hält die
beiden Manschetten zwischen drei Platten fest; zwischen dem Umfange der beiden
äußeren Platten und der Lederliderung ist $^1/_2$ mm Spiel, damit während des Druck-
hubes ein besonders gutes Anliegen der Liderung erreicht wird. — Um bei einem
Erneuern der Dichtung den Kolben nicht von der Stange abziehen zu müssen,
hat die Firma Otto Schwade & Co. in Erfurt den in Fig. 187 und 188 abgebildeten Manschettenkolben von 102 mm Durchmesser mit einer Nabe versehen, die
auf der mit Konus versehenen Stange sitzen bleibt. Durch drei in die Nabe
eingeschraubte $^1/_2$ zöllige Stiftschrauben werden dann die beiden Manschetten
zwischen Deckel und Nabe festgehalten. Bei dem in Fig. 189 wiedergegebenen
Manschettenkolben der Firma Hoddick & Röthe in Weißenfels ist das Zwischenstück ganz besonders als Stütze der beiden Lederstulpe und auch als Führung
des Kolbens gedacht. Die Kolbenscheiben sind mit Schraubenlöcher versehen,
um sie gut von der Stange abziehen zu können. Auch bei dem in Fig. 190 dargestellten Kolben der Garvenswerke sind die Kolbenscheiben genau in den Zylinder eingepaßt. Der Kolben ist daher nur für reines Wasser verwendbar.

Fig. 191 zeigt einen größeren Manschettenkolben der Firma Weise & Monski. Um Gewicht zu sparen, sind die beiden äußeren Scheiben möglichst dünn gehalten und durch Rippen verstärkt.

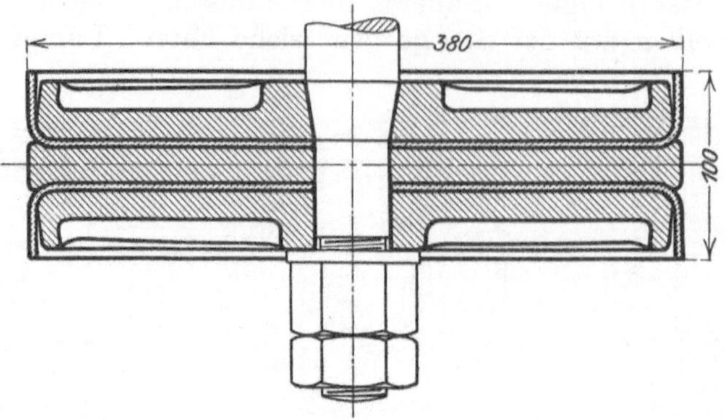

Fig. 191.   (Weise & Monski.)

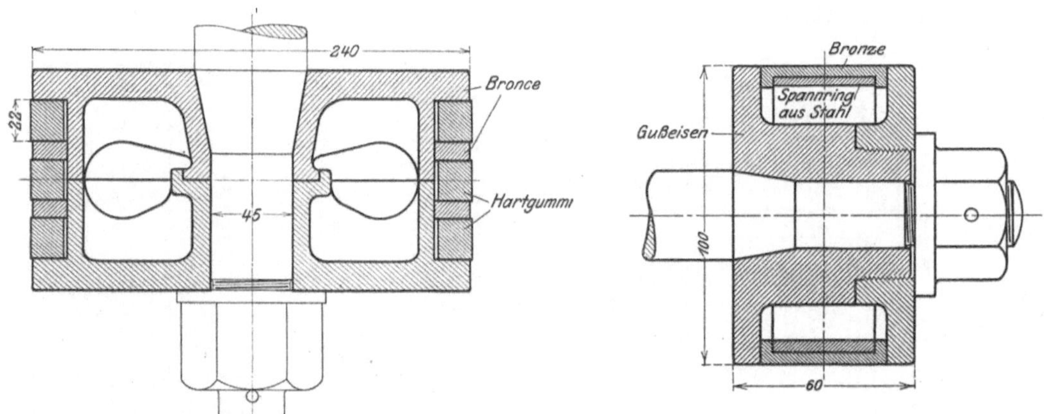

Fig. 192.   (Weise & Monski.)   Fig. 193.   (Weise & Monski.)

Einen Scheibenkolben mit Hartgummiringen für Kesselspeisepumpen der Firma Weise & Monski gibt Fig. 192 wieder. Der Kolben besteht aus zwei Hälften, die in der Nabe zentriert sind. Die Trennung des Kolbenkörpers ist notwendig, damit die nicht aufgeschnittenen Hartgummiringe und die dazwischenliegenden beiden Bronzeringe übergestreift werden können. Der durch Fig. 193 dargestellte Kolben wird für höhere Drücke verwendet und ist ebenfalls zweiteilig; der Kolbendeckel ist mit der Nabe des Kolbenkörpers verschraubt. Der U-förmig gestaltete Rotgußdichtungsring ist geschlitzt und durch einen exzentrisch bearbeiteten Spannring aus Stahl verstärkt, der so schließend im Liderungsring liegt, daß der Ringstoß abgedichtet wird. Die in Fig. 192 und 194 abgebildeten Kolben sind aus harter Bronze hergestellt. Fig. 194 und 195 stellen zwei Scheibenkolben mit Metalldichtungsringen dar, wie solche von den Garvenswerken für reine, heiße Flüssigkeiten verwendet werden. Bei Fig. 194, einem sogen. schwedischen Kolben, müssen die Ringe über den Kolbenkörper gestreift werden, bei Fig. 195 sind die Ringe zwischen den drei Scheiben, die zusammen den Kolbenkörper bilden, eingelassen, so daß ein bequemes Einlegen der Liderungsringe ermög-

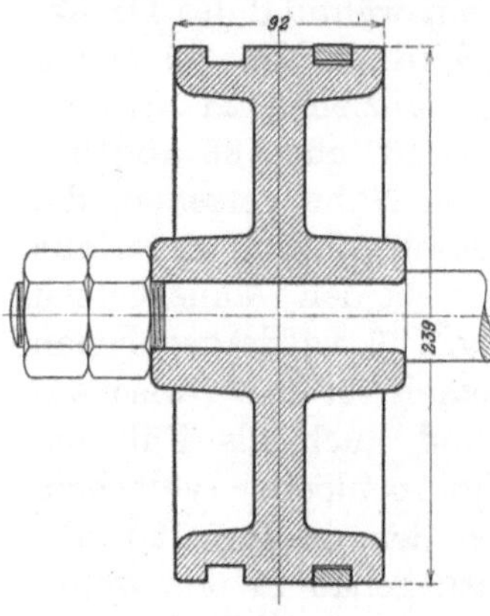

Fig. 194.   (Garvenswerke.)

licht ist. Der Kolben Fig. 196 ist zweiteilig, mit aufgeschraubtem Deckel. Statt durch Stiftschrauben, läßt sich der Deckel auch durch die Kolbenstangenmutter festhalten, wie Fig. 197 bis 199 zeigt. Die Liderungsringe sind hier zwei schräggeschlitzte Weißmetallringe, die auf der dem Ringstoß gegenüberliegenden Seite durch Schraubenfedern nach außen gedrückt werden. Dieser Kolben ist der Firma Otto Schwade in Erfurt geschützt und findet für Schiffspumpen (Dampfspeisepumpen) Verwendung. Er arbeitet in auswechselbaren Bronzelaufbüchsen und ist für Betriebsdrücke bis 30 Atm. geeignet.

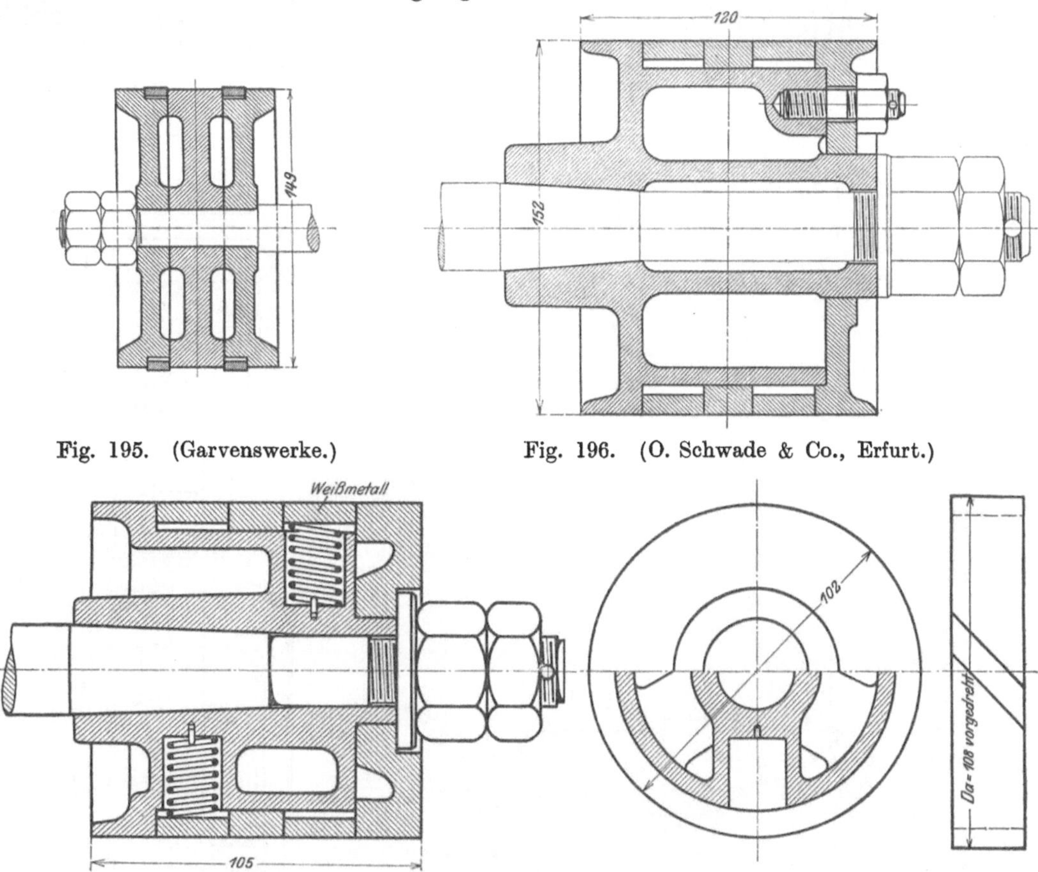

Fig. 195. (Garvenswerke.) Fig. 196. (O. Schwade & Co., Erfurt.)

Fig. 197 bis 199. (O. Schwade & Co., Erfurt. Ges. gesch.)

Bearbeitung: Der Bearbeitungsgang eines Scheibenkolbens nach Fig. 192 ist ungefähr der folgende:

	Zeitaufwand
1. Aufspannen der mit Konus versehenen Kolbenhälfte gegen die Planscheibe und Ausrichten nach dem inneren Umfang des Hohlraumes	$^1/_2$ Std.
2. Vordrehen der Aussparung für die Kolbenringe	$^3/_4$,,
3. Geradedrehen der Trennungsflächen und Andrehen der Zentrierung der Kolbennabe, 3 Schnitte	$1^1/_2$,,
4. Vorbohren der Nabe	$^1/_2$,,
5. Umspannen gegen die Planscheibe	$^1/_4$,,
6. Fertigbearbeiten der Stirnfläche und des Randes, 3 Schnitte	1 ,,
7. Fertigdrehen der Ausbohrung für den Konus und des zylindrischen Teils der Nabe, 3 Schnitte	1 ,,
8. Aufschleifen der Nabe auf den Konus der Kolbenstange von Hand (in der Schlosserei)	1 ,,
9. Die Bearbeitung der anderen Kolbenhälfte ist die gleiche. Es fällt hier jedoch die Konusbearbeitung und das Einschleifen fort. Die Fertigbearbeitung der zylindrischen Bohrung der Nabe dauert daher hier nur $^1/_2$ Std.	
10. Zusammenziehen beider Kolbenhälften mit der Stange	$^1/_4$,,
11. Aufspannen der Stange mit Kolben zwischen den Drehbankspitzen	$^1/_4$,,
12. Fertigdrehen der Aussparung für die Kolbenringe, 2 Schnitte	$1^3/_4$,,

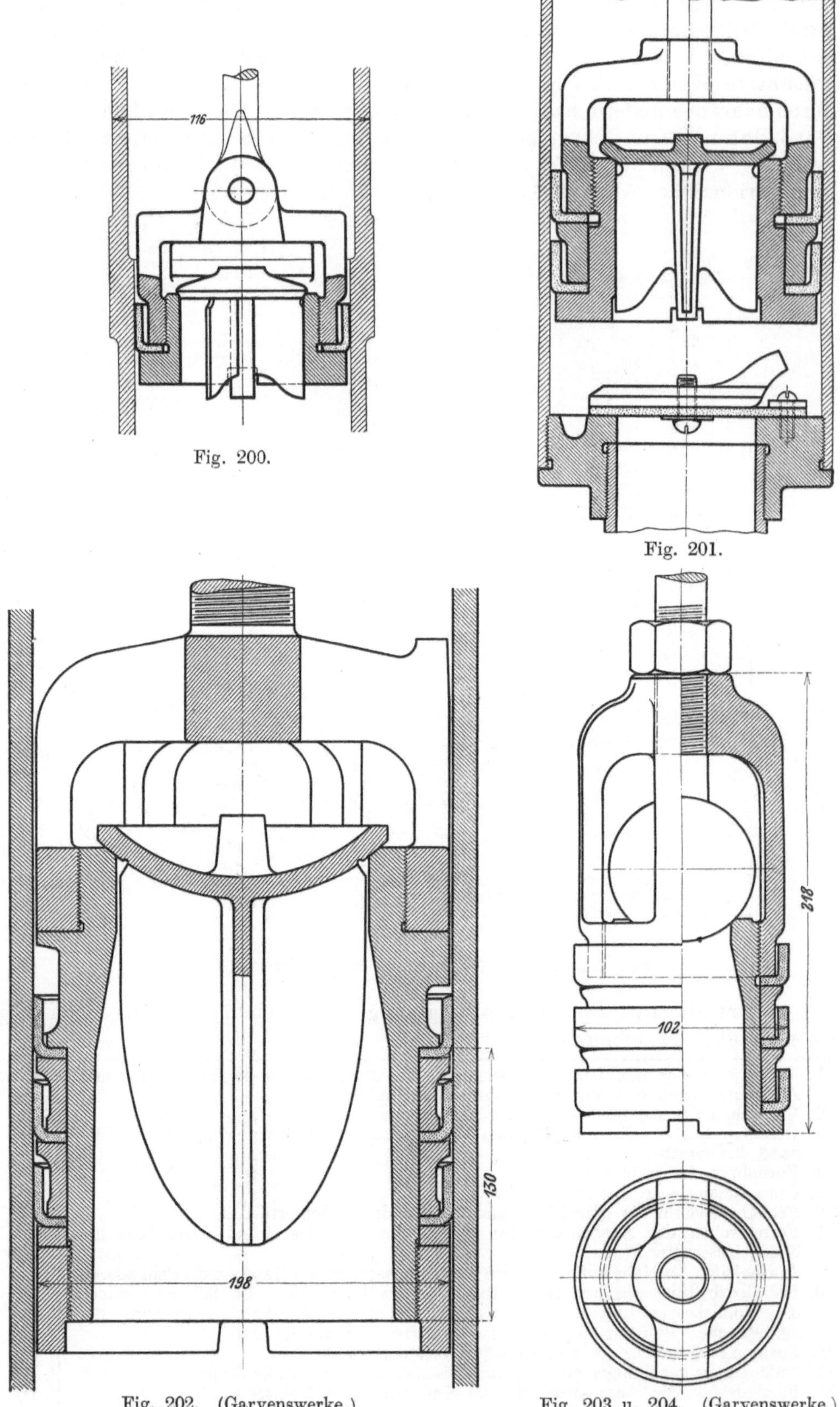

Fig. 200.

Fig. 201.

Fig. 202. (Garvenswerke.)

Fig. 203 u. 204. (Garvenswerke.)

c) Ventilkolben.

(Durchbrochene Kolben.)

Die Ventilkolben sind scheibenartige oder rohrförmige Kolben, durch die die Flüssigkeit in einer Richtung hindurchströmen kann, während ihr der Durchgang in der anderen Richtung durch Ventile oder Klappen verwehrt wird.

Sie finden namentlich bei den Schachtpumpen, Hubpumpen, Brunnenpumpen, Kondensatorpumpen usw. Anwendung, für Druckhöhen unter 50 m und für Kolbengeschwindigkeiten unter 1 m.

Häufig ist ein scheibenartiger Ventilkolben mit einem Rohrkolben zu einem Stufenkolben verbunden.[1])

Beschreibung einiger Ventilkolben.

Fig. 200. Der Kolben besteht aus 3 Teilen, dem Oberteil, dem Unterteil und dem Ventil; alle 3 Teile sind aus Rotguß. Der Oberteil ist bügelförmig gestaltet und dient dem Kolbengestänge als Angriffspunkt und dem Kolbenventil als Hubbegrenzung. Das Ventil ist in dem als Ventilsitz ausgebildeten Unterteil geführt, durch den die Flüssigkeit beim Niedergang des Kolbens hindurchtritt. Die Ledermanschette ist nach oben gekehrt und dichtet beim Kolbenaufgang ab. Die Kolbenstange ist gelenkig am Bügel befestigt.

Fig. 201. Ausführung ähnlich wie Fig. 200, aber für größere Förderhöhen geeignet. Die Kolbenstange ist eingeschraubt, die Abdichtung bewirken 2 Manschetten.

Aus der Abbildung ist auch die Konstruktion des aus einer Lederklappe bestehenden Saugventils ersichtlich.

Fig. 202. Kolben für eine Tiefbrunnen- oder Bohrlochpumpe. Wegen des säurehaltigen Wassers sind das Ventil und die übrigen Teile des Kolbenkörpers aus Rotguß hergestellt. Der rohrförmige Ventilsitz ist mit einem 6 armigen Bügel verschraubt, an dem das Gestänge angreift.

Fig. 203 und 204. Ventilkolben einer Bohrlochpumpe für Petroleum, Sole usw. Als Ventil dient eine Bronzekugel. Das Gestänge wird in den mit Muttergewinde versehenen Bügel eingeschraubt und durch Gegenmutter gesichert.

Fig. 205. Ventilkolben einer Gestängepumpe für größere Teufen. Der Kolben ist besonders lang ausgebildet und mit 4 Ledermanschetten versehen. Das Ventil hat doppelte Abdichtung

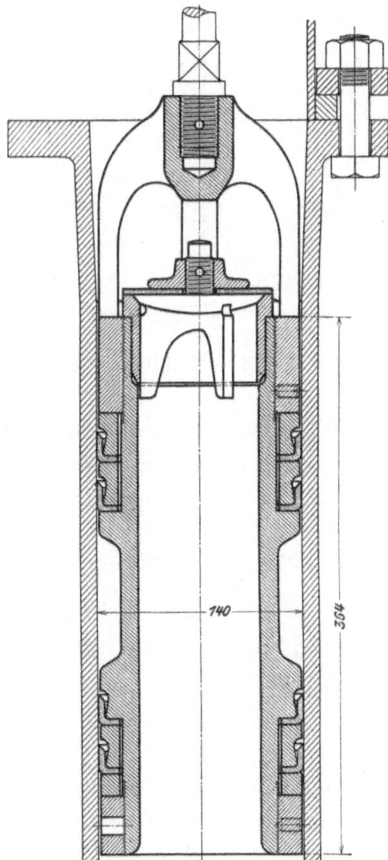

Fig. 205. (O. Schwade & Co.)

und führt sich in einem auswechselbaren Sitz aus Rotguß.

Für unreines, sandiges Wasser vermeidet man gerne die Anwendung von Metallventilen und ersetzt sie durch Lederklappen.

---

[1]) Siehe auch Luftpumpenkolben, S. 73.

Fig. 206 und 207. Kolben einer Schachtpumpe. Der Kolbenkörper ist sehr leicht gehalten und durch 4 Rippen mit der rechteckigen Nabe verbunden. Die aus einem Stück bestehende Lederscheibe trägt 2 halbkreisförmige Eisenplatten und wird mit Hilfe der Kolbenstange festgeklemmt.

Die Abdichtung des Kolbens gegen die Zylinderwand bewirkt eine konische Lederstulpe, die lose in einem konisch zugeschärften, warm aufgezogenen Ring ruht. Durch den Druck des Wassers wird diese Stulpe beim Aufgang fest gegen den Ring und die Zylinderwand gepreßt und so eine vollkommene Abdichtung erreicht.

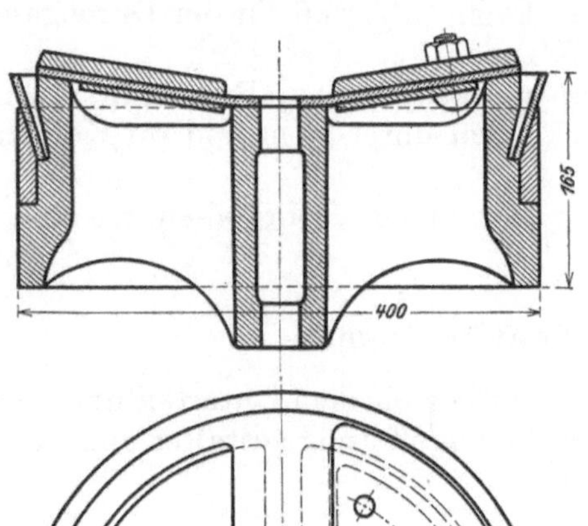

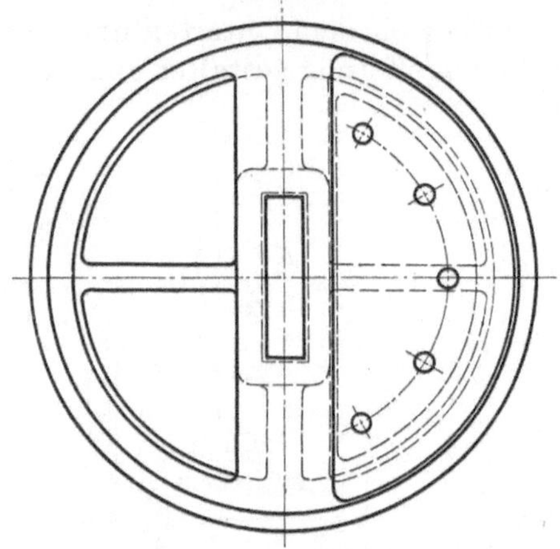

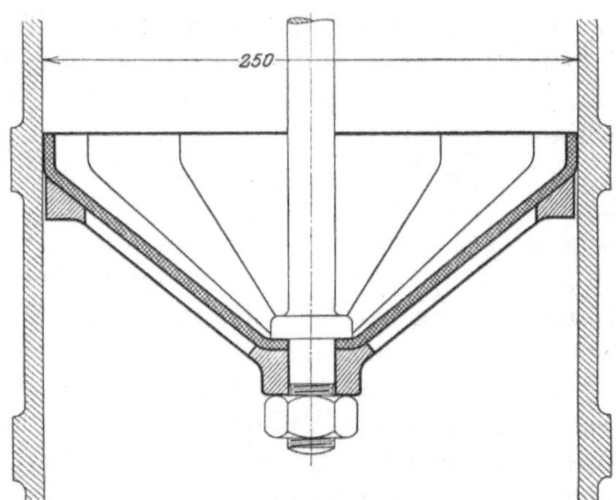

Fig. 206 u. 207. (Hoddick & Röthe, Weißenfels.)   Fig. 208. (Garvenswerke.)

Fig. 208. Der durchbrochene, trichterförmige Kolben ist auf seiner ganzen Fläche von einer Kegelmanschette bedeckt, die durch Schnitte, die fast bis zur Mitte reichen, in eine Anzahl von Segmenten zerteilt ist. Beim Kolbenaufgang dichtet die Lederscheibe gegen die Zylinderwand ab und verschließt gleichzeitig die Öffnungen im Kolben.

2. und 3. Kolben zum Absaugen und Verdichten von Gasen oder Dämpfen, sowie von Gemischen aus Gasen, Dämpfen und Flüssigkeiten.

Hierher gehören die Kompressorenkolben, die Kolben trockener und nasser Luftpumpen usw.[1])

Man unterscheidet einfachwirkende Kompressoren (mit Tauchkolben) und doppeltwirkende (mit Scheibenkolben); ferner einstufige und mehrstufige Kompressoren, je nachdem die Verdichtung nur in einem Zylinder oder in mehreren Zylindern nacheinander erfolgt. Eine Abart der einfachwirkenden, zweistufigen Kompressoren sind die sog. „Stufenkompressoren" mit einem Stufenkolben (vgl. Fig. 210).

---

[1]) Zu dieser Gruppe zählen auch die Kolben der Hochofen- und Stahlwerksgebläse, die bereits unter A. besprochen sind.

Zur Vorverdichtung dient in diesem Falle die Fläche F des großen Kolbens, zur Endverdichtung die Ringfläche $F-f$, wenn f die Querschnittsfläche des kleinen Kolbens bedeutet.

Die für die Kompressoren angegebene Einteilung gilt auch für die trockenen Luftpumpen.

Die nassen Luftpumpen werden — sofern sie liegend angeordnet sind — fast immer doppeltwirkend gebaut. Sie erhalten dann Scheibenkolben, seltener Tauchkolben, die sich wenig von den Kolben der Wasserpumpen unterscheiden.

Anders liegen die Verhältnisse bei den stehenden nassen Luftpumpen, deren Kolben eine Reihe von Besonderheiten aufweisen.

Die in diesem Abschnitt zu besprechenden Kolben sollen daher eingeteilt werden in

a) Tauchkolben und Stufenkolben für Kompressoren und trockene Luftpumpen,

b) Scheibenkolben für Kompressoren, für trockene und liegende, nasse Luftpumpen,

c) Kolben für stehende, nasse Luftpumpen.

a) Tauchkolben und Stufenkolben für Kompressoren und trockene Luftpumpen.

Diese Kolben sind für Kompressoren besonders geeignet, da sie die schwer dicht zu haltenden Stopfbüchsen entbehrlich machen und eine große Ausstrahlungsfläche für die Verdichtungswärme bieten.

Bei hohen Umdrehungszahlen und elektrischem Antrieb können allerdings — wegen des im Totpunkt erforderlichen Beschleunigungsdruckes — doppeltwirkende Kompressoren mit Scheibenkolben den Vorzug verdienen.

Beschreibung einiger Tauch- und Stufenkolben:

Fig. 209: Einfacher Tauchkolben für 12 bis 15 Atm. Druck. Der obere Teil dient als Gleitschuh zur Aufnahme des Lenkstangendruckes. Der Kolben ist mit Ölrillen versehen und in den Zylinder eingeschliffen. Die Kolbenringe aus Federstahl liegen in Zwischenringen; Kolbenkörper und Kolbenboden sind gegeneinander zentriert und durch eine Schraube verbunden, deren Mutter durch eine Kupferkappe gegen Drehen gesichert ist. Der Kolbenbolzen ist in zylindrische Augen eingepaßt und durch Druckschrauben gehalten.

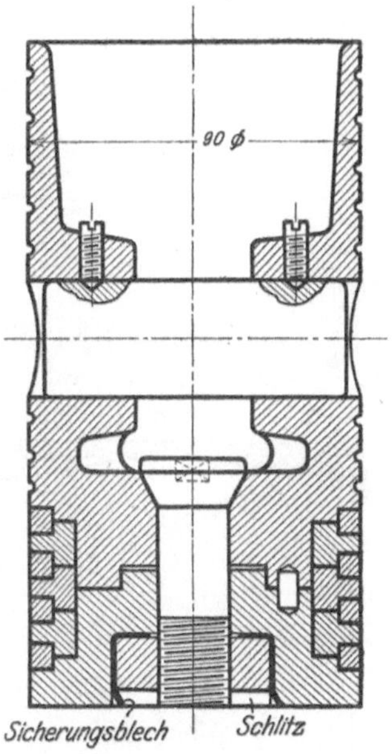

Fig. 210 bis 213. Stufenkolben.

Der Kolbenbolzen sitzt in einem besonderen Einsatz, der mit Schrauben, die durch den Bolzen hindurchgehen und diesen festhalten, mit dem Kolbenkörper verbunden ist. Die Konstruktion ist nicht ganz einfach, vermeidet aber die Gefahr des Verspannens,

Fig. 209. Kompressorkolben.
(A. Schütz, Wurzen.)

die bei Kolben mit angegossenen Augen beim Eintreiben des Kolbenbolzens besteht. Würde man den Bolzen ähnlich lagern, wie in Fig. 209, so müßte man die Paßstellen gegen den Luftdruck abdichten.

Fig. 214 bis 216. Die Hochdruckstufe ist ziemlich lang gehalten und dient als Gleitschuh. Der Kolbenkörper ist durch vier Rippen verstärkt, von denen sich zwei an die Bolzenaugen anschließen. Der Kolbenbolzen ist konisch ein-

gepaßt und durch eine Mutter gesichert. Von einem am Kolben angebrachten
Ölabstreifer gelangt das Öl durch Röhrchen an die Bolzenlauffläche.

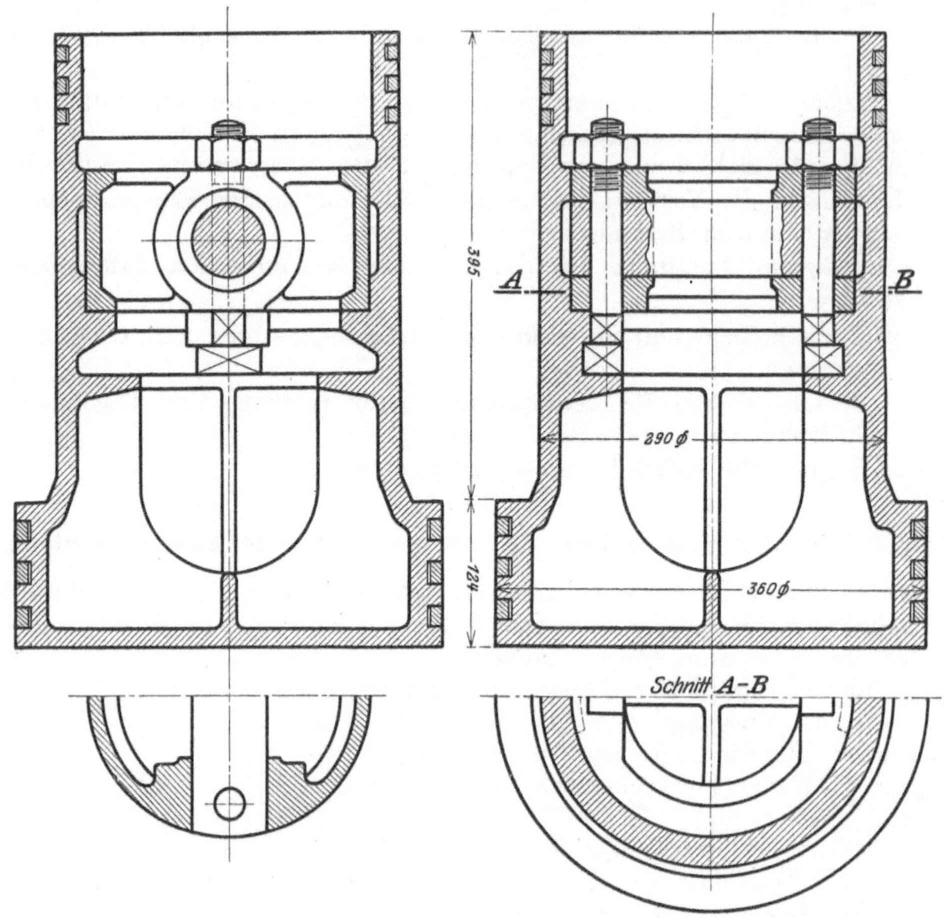

Fig. 210 bis 213. Kolben eines Stufenkompressors. (M. A.-G. Balcke, Bochum.)

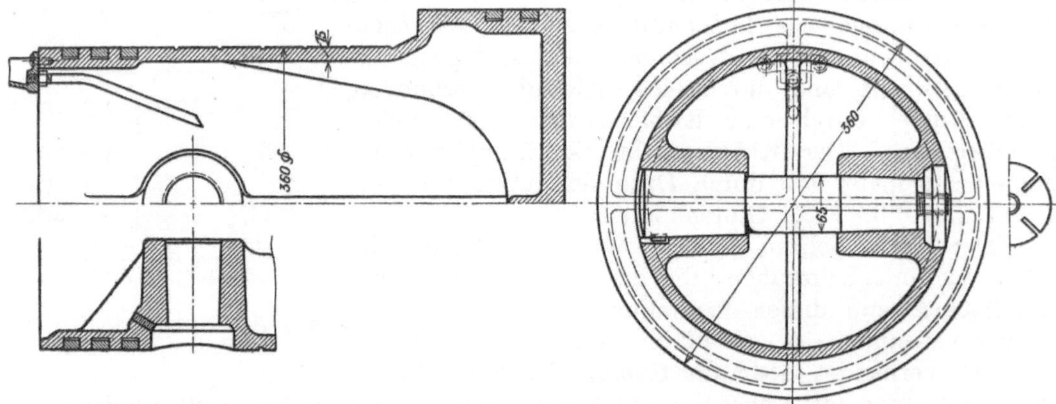

Fig. 214 bis 216. Kolben eines Stufenkompressors. (Sächsische Maschinenfabrik.)

Fig. 217 und 218. Dieser Kompressorkolben ist mit dem Dampfmaschinenkolben
mittels durchgehender Kolbenstange verbunden. Die Stange endet in eine Gabel,
an der die Lenkstange angreift. Die Kolbenwand ist unter den Ringnuten verstärkt. Der Kolbenbolzen ist konisch eingepaßt, durch eine Mutter gehalten und

gegen Drehen gesichert. Der Kolben ist oben und unten mit Aussparungen A und B versehen, da er in den Hubenden die Ventilöffnungen überschleift. Diese Aussparungen sind durch die besonderen Konstruktionsverhältnisse des Kompressors bedingt und bei normalen Maschinen nicht erforderlich.

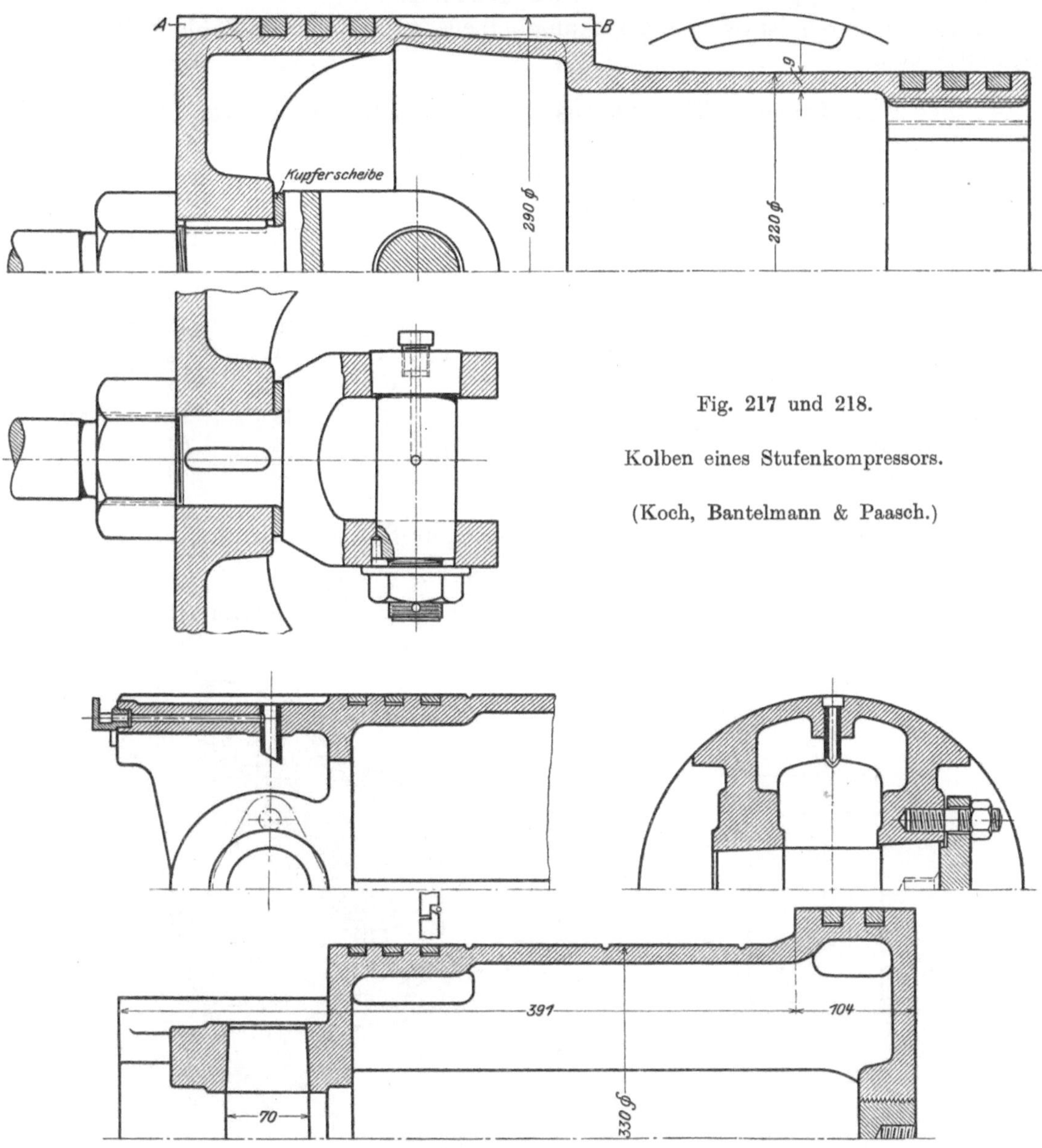

Fig. 217 und 218.

Kolben eines Stufenkompressors.

(Koch, Bantelmann & Paasch.)

Fig. 219 bis 221. (A. Schütz, Wurzen.)

Fig. 219 bis 221. Der Angriffspunkt der Lenkstange liegt außerhalb des Kolbenkörpers in einem besonderen, angegossenen Gleitschuh. Die Sitzflächen des Zapfens sind konisch, zum Festhalten dient ein ovaler, mittels zweier Schrauben angedrückter Flansch. Der Kolben ist ein Hohlkörper mit zwei Böden, von denen der vordere mit einer länglichen Öffnung versehen ist. Zwei Längsrippen versteifen den Kolbenmantel und die Kolbenböden. Die Rippen sind unter den Kolbenringen ausgespart, um Gußanhäufung und porösen Guß zu vermeiden.

Soll der Kolben einer Druckprobe unterworfen werden, so läßt sich die Vorder-
wand leicht von innen abschließen und von der Kernstopfenöffnung aus das Preß-
wasser zuführen.

Die gußeisernen Kolbenringe haben auf der Hochdruckseite gegen 8, auf der
Niederdruckseite gegen 2 Atm. Überdruck abzudichten.

Für den ersten Entwurf eines Stufenkolbens möge folgende Zahlentafel einen
Anhalt bieten.

Zahlentafel VI. Abmessungen von Stufenkolben.

Zylinderdurchmesser		$^{250}/_{200}$	$^{340}/_{270}$	$^{390}/_{310}$	$^{420}/_{340}$
Hochdruckstufe	Länge	80	110	120	130
	Ringzahl	3	3	3	3
	Ringhöhe	12	16	18	20
Niederdruckstufe	Länge	280	400	440	480
	Ringzahl	4	4	4	4
	Ringhöhe	10	12	15	16
Bodenstärke		15	18	18	20
Zapfendurchmesser		40	55	60	65
Zapfenlauflänge		60	80	80	90

Beispiel für das Einformen eines Stufenkolbens.

Fig. 222 zeigt das Modell zu dem Kolben Fig. 214 bis 216.

Es ist zweiteilig, die Trennungsfuge läuft durch die Kernmarken für die
Kolbenbolzenlöcher.

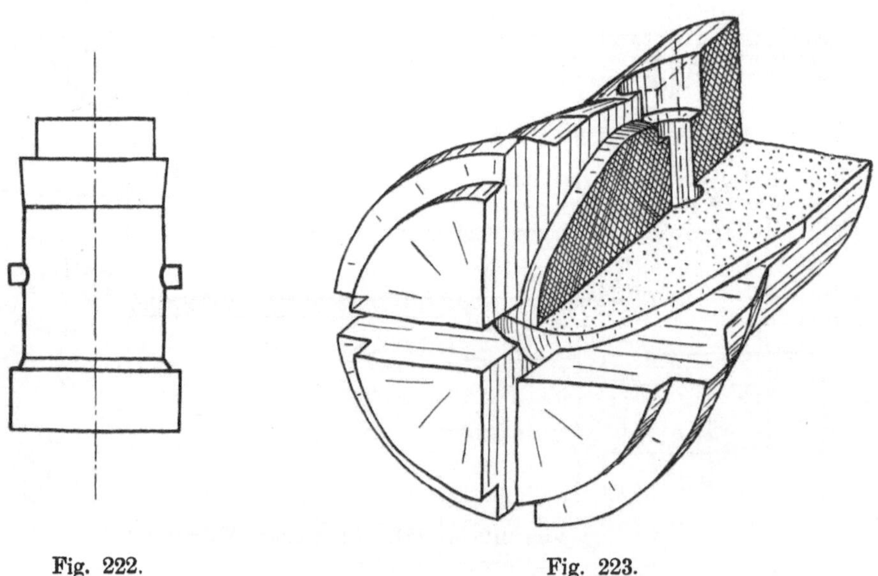

Fig. 222.   Fig. 223.

Der Kern, der ungefähr der Fig. 223 entspricht,[1]) wird aus zwei Hälften her-
gestellt. Der Kernkasten für eine Hälfte ist in Fig. 224 wiedergegeben. Das
Brett zum Formen der beiden seitlichen Rippen ist aufgeschraubt. Nach dem
Lösen der Schrauben kann der Kernkasten abgehoben werden.

---

[1]) Aus Volk, Skizzieren von Maschinenteilen in Perspektive. III. Auflage.

Wie aus Fig. 224 ersichtlich ist, erfolgt die Teilung des Kernkastens genau senkrecht zu der des Modells. Das Einformen erfolgt in zweiteiligem Kasten. Der Kolben wird (vgl. Fig. 225) stehend gegossen. Damit beim Aufrichten des Formkastens der Kern sich nicht verschiebt, ist er gut zu verankern und durch Kernstützen zu halten.

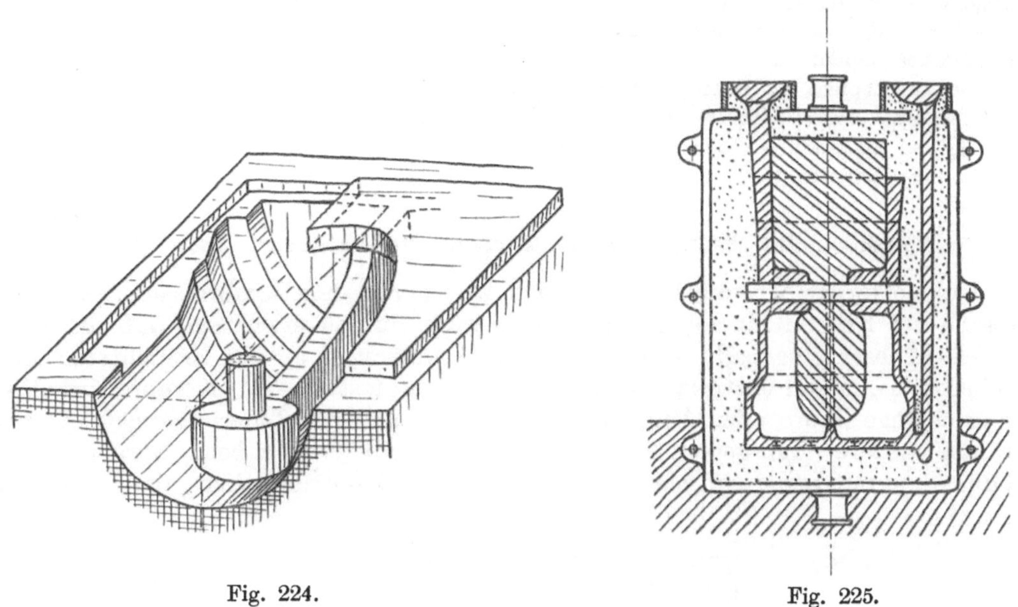

Fig. 224.   Fig. 225.

Der Bearbeitungsgang und die Bearbeitungszeiten des Kompressorkolbens (Fig. 214) sind aus folgender Aufstellung ersichtlich.

Kolbenkörper.

Arbeitsvorgang	Zeitdauer
Aufspannen des Kolbens mit dem Boden gegen die Planscheibe (in den vorderen Teil des Kolbens wird ein Stern gespannt, in den die Reitstock-Körnerspitze eingreift)	1 Std.
Abstechen des verlornen Kopfes, Absprengen desselben, Eindrehen der Zentrierung (innen, im vordersten Teil des Kolbens), Vordrehen des Kolbens und Einstechen der Kolbenringnuten, 1 Schnitt	4 ,,
Umspannen und Zentrieren des Kolbens. Geradedrehen des Bodens	$1^{1}/_{2}$,,
Ausglühen des Kolbens.	
Aufspannen zwischen Körnerspitzen (in den vorderen Teil des Kolbens wird, wie bereits bei der Bearbeitung der Gasmotorenkolben geschildert wurde, eine genau zentrierte Scheibe eingelegt)	$^{1}/_{2}$,,
Fertigdrehen des Kolbens und Einstechen der Ölnuten, 2 Schnitte	5 ,,
Anreißen der Grenzlinien für die Kolbenbolzenlöcher	$^{3}/_{4}$,,
Aufspannen auf dem Horizontalbohrwerk	1 ,,
Ausbohren der Kolbenbolzenaugen, 3 Schnitte	5 ,,
Aufspannen auf der Schleifbank	$^{1}/_{2}$,,
Schleifen der Kolbenlauffläche[1])	5 ,,

[1]) Ist der Zylinderdurchmesser $= D$, so soll der Kolben auf ungefähr $D — 0,0006 D$ geschliffen werden.

Kolbenbolzen.

Arbeitsvorgang	Zeitdauer
Abstechen von der Stange auf der Abstechbank	6 Min.
Zentrieren	10 „
Fertigdrehen der Bolzenenden und des Bolzenlaufs. (Die Enden bleiben ca. 1 mm dicker als das vorgeschriebene Maß, der Lauf nur $^6/_{10}$ mm)	4 Std.
Einfräsen der Keilnut	$^1/_4$ „
Einsetzen des Zapfens im Härteofen, 24 Std. lang (die Bolzenenden werden in Ton eingepackt, bleiben daher weich).	
Schleifen und Einpassen des Bolzens in den Kolben	3 „
Herstellen der Bolzenmutter	1 „

b) Scheibenkolben für Kompressoren, trockene und liegende, nasse Luftpumpen.

Kolben dieser Art unterscheiden sich wenig von den Dampfmaschinenkolben. Betreffs der Kolben für Luftkompressoren wäre nur zu erwähnen, daß die Liderungsringe loser eingepaßt werden, da der Schmierstoff in der verdichteten Luft rascher verharzt und zu stramm sitzende Ringe dann festbrennen. Kompressorkolben für schweflige Säure oder Ammoniak erhalten gußeiserne Liderungsringe, Kolben für Kohlensäure, die gegen 50 bis 70 Atm. abzudichten haben, werden eingeschliffen und mit Ledermanschetten versehen. Zum Schmieren dient dann Glyzerin.

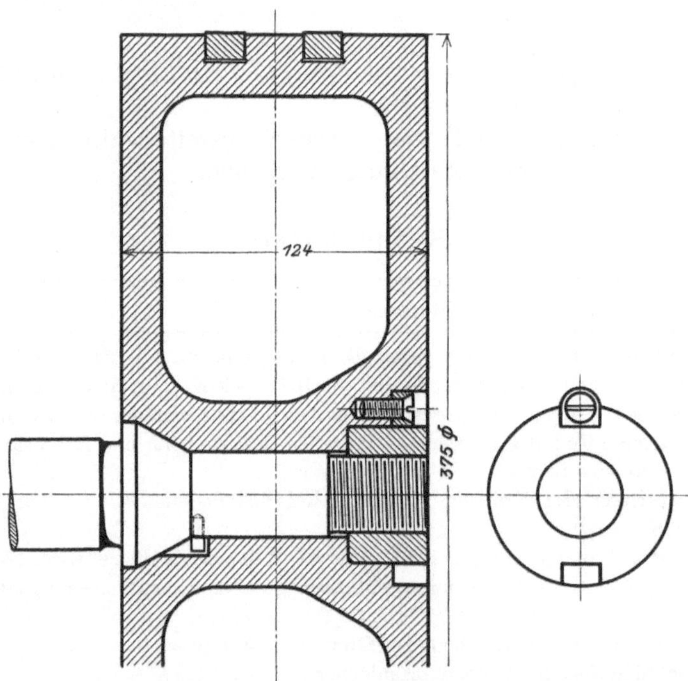

Fig. 226 und 227.   (Sächsische Maschinenfabrik vorm. R. Hartmann, Chemnitz.)

Bei den Kolben der nassen Luftpumpen muß bei ungünstiger Beschaffenheit des Wassers das Material des Kolbens oder wenigstens der Dichtungsringe passend gewählt werden.

Fig. 226—229.   Scheibenkolben für Luftkompressoren. In Fig. 226 ist, um den schädlichen Raum möglichst klein halten zu können, die Mutter versenkt.

Fig. 230 und 231.   Kolben für schweflige Säure.

Der Kolben paßt sich der Form der Deckel an, die zur Unterbringung der Ventile dienen. Zur Verringerung des schädlichen Raumes ist die Mutter versenkt. Ein Sicherungsring und eine Druckschraube dienen zu ihrer Feststellung. Hinter den gußeisernen Kolbenringen liegt ein federnder Spannring aus Stahl. Zwei Druckschrauben ermöglichen es, die Dichtungsringe so einzustellen (oder nachzustellen), daß Kolbenmitte und Zylindermitte zusammenfallen.

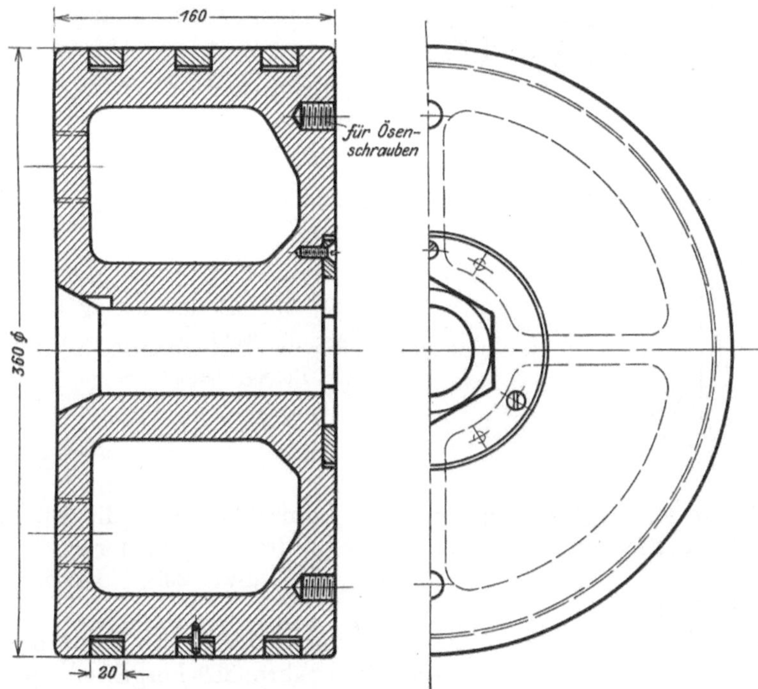

Fig. 228 und 229.   (A. Borsig, Tegel.)

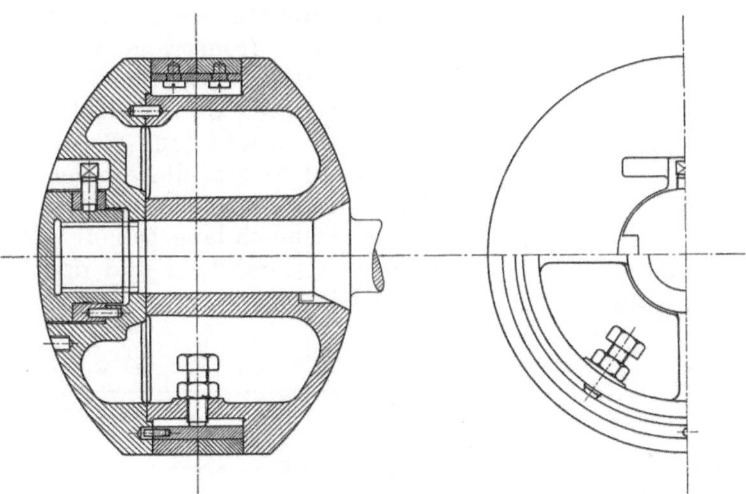

Fig. 230 und 231.   Kolben für schweflige Säure.   (A. Borsig, Tegel.)

Fig. 232 bis 234.   Kolben für Kohlensäure.

Der eigentliche Kolben besteht aus 2 Ledermanschetten und 3 genau in den Zylinder eingepaßten Bronzeringen. Der Bund der Kolbenstange und die Kolbenmutter sind oben und unten abgeflacht. Die Flächen dienen zum Ansetzen des

Schlüssels; die Abschrägungen sind aber auch erforderlich, weil der Kolben in den Totlagen die Ventilöffnungen überschleift.

Fig. 235 und 236. Kolben einer Luftpumpe.

Die Nabe ist unterbrochen, der Kernsand kann also durch die Nabenbohrung entfernt werden, besondere Kernlochöffnungen sind nicht erforderlich.

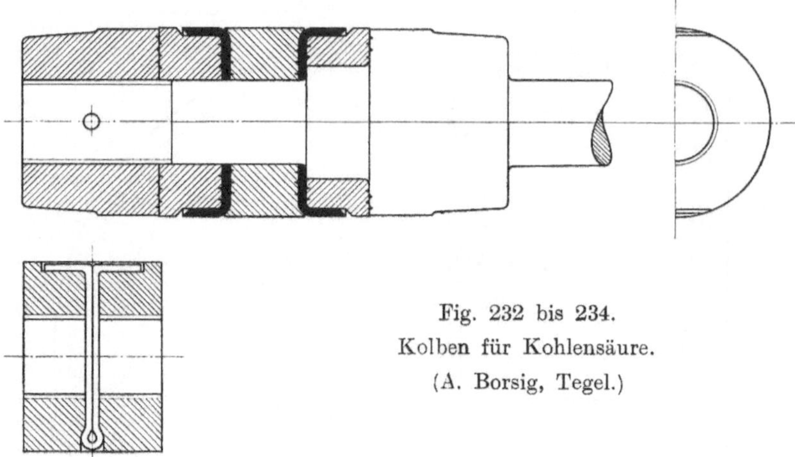

Fig. 232 bis 234.

Kolben für Kohlensäure.

(A. Borsig, Tegel.)

Die Kolbenstange legt sich gegen einen konischen Ring, die Mutter hat ebenfalls eine konische Sitzfläche und ist gegen Losdrehen gesichert.

Fig. 237 und 238. Kolben einer Luftpumpe.

Die beiden sehr breiten Kolbenringe sind aus „Reichsbronze" hergestellt und mit federnden Stahlringen hinterlegt. Um ein möglichst gleichmäßiges Anliegen der Liderungsringe zu erzielen, werden sie nach dem Aufschneiden gehämmert. Bronzeringe von diesem verhältnismäßig kleinen Durchmesser lassen sich nicht mehr überstreifen; der Kolben ist daher geteilt und besteht aus 3 gut gegeneinander zentrierten Teilen, die von der Kolbenstangenmutter zusammengehalten werden. Der Kolben ist ziemlich lang gebaut, um die Abdichtung zu unterstützen und den Druck auf die Gleitfläche möglichst gering zu halten.

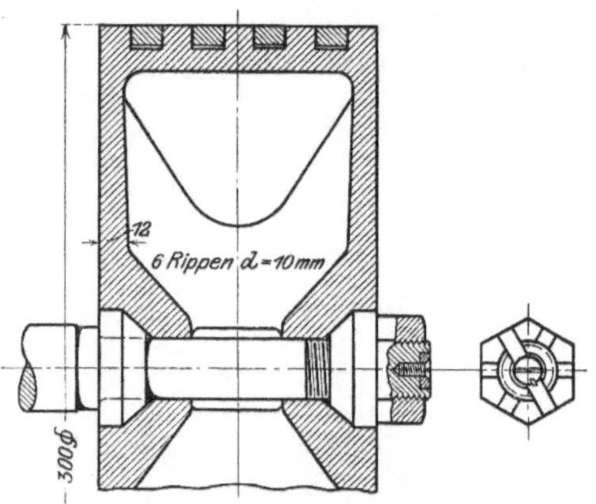

Fig. 235 und 236.

(M. A.-G. Balcke, Bochum.)

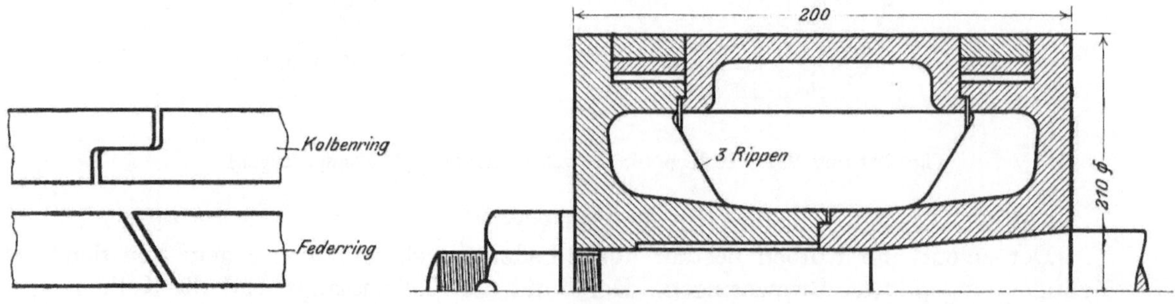

Fig. 237 und 238. (Ascherslebener M. A.-G.)

Fig. 239. Der Kolben besitzt 2 breite Liderungsringe aus Vulkanfiber, deren Federung durch Stahlringe verstärkt ist.

Fig. 240. Kolben einer nassen Luftpumpe von 475 mm Durchmesser.

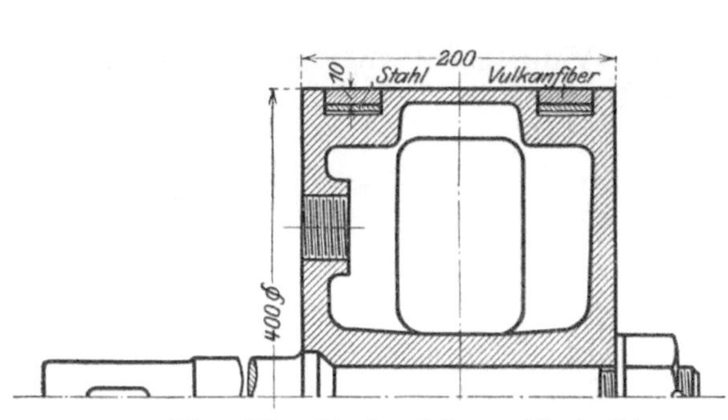

Fig. 239. (Ascherslebener M. A.-G.)

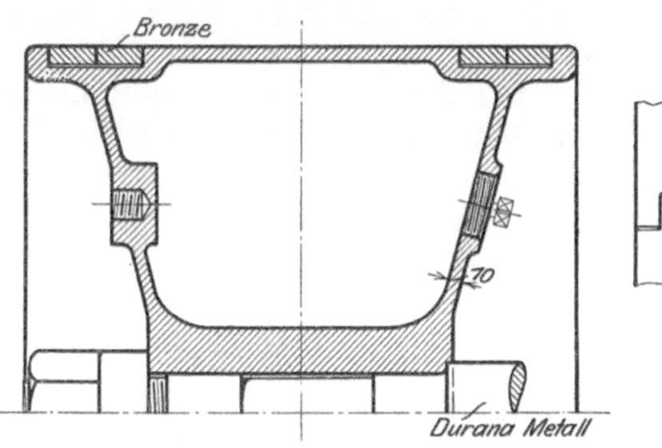

Fig. 240. (Koch, Bantelmann & Paasch, Magdeburg-Buckau.)

Die Lauffläche ist sehr lang, die Kolbenstirnflächen sind kegelförmig nach innen gezogen. Von den 4 Kolbenringen aus Bronze liegen je 2 unmittelbar nebeneinander. Die Kolbenstange besteht aus Duranametall und ist an den in der Kolbennabe sitzenden Bunden auf Schiebesitz geschliffen.

c) Kolben stehender Naß-Luftpumpen.

Diese Kolben sind meist Ventilkolben, nur bei den mit Saugschlitzen versehenen Pumpen kommen Rohrkolben und Scheibenkolben zur Anwendung.

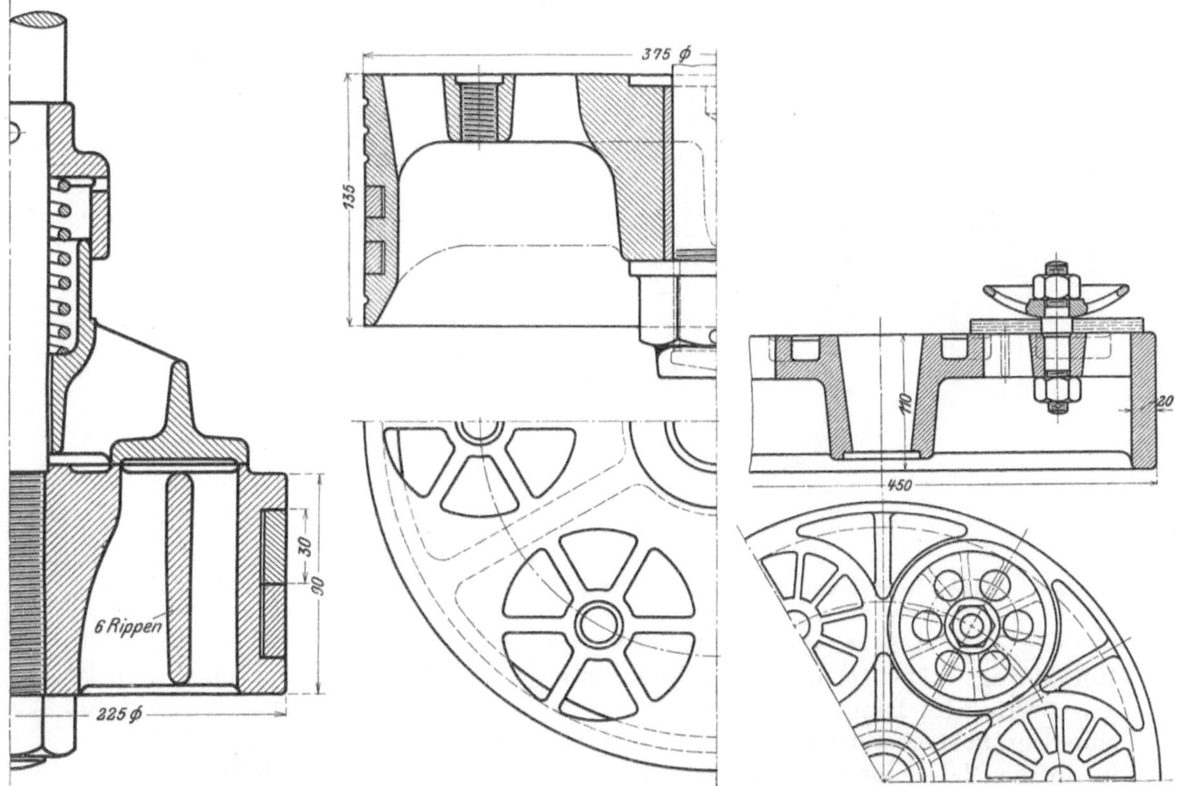

Fig. 241. (Koch, Bantelmann & Paasch, Magdeburg-Buckau.)
    Fig. 242 u. 243. (Sächs. Masch.-Fab. vorm. R. Hartmann, Chemnitz.)
    Fig. 244 und 245. (Ascherslebener M. A.-G.)

Bei Ventilkolben ist der freie Durchgangsquerschnitt der Ventile oft nur 25 bis 35 v. H. der Kolbenfläche, die Strömungsgeschwindigkeit im Ventilsitz also 3 bis 4 mal so groß als die Kolbengeschwindigkeit, daher muß die Kolbengeschwindigkeit klein gehalten, also der Kolbenhub möglichst gering angenommen werden.

Der Antrieb erfolgt durch Lenkstange und Winkelhebel vom Kurbelgetriebe der Dampfmaschine aus oder durch besondere Motoren.

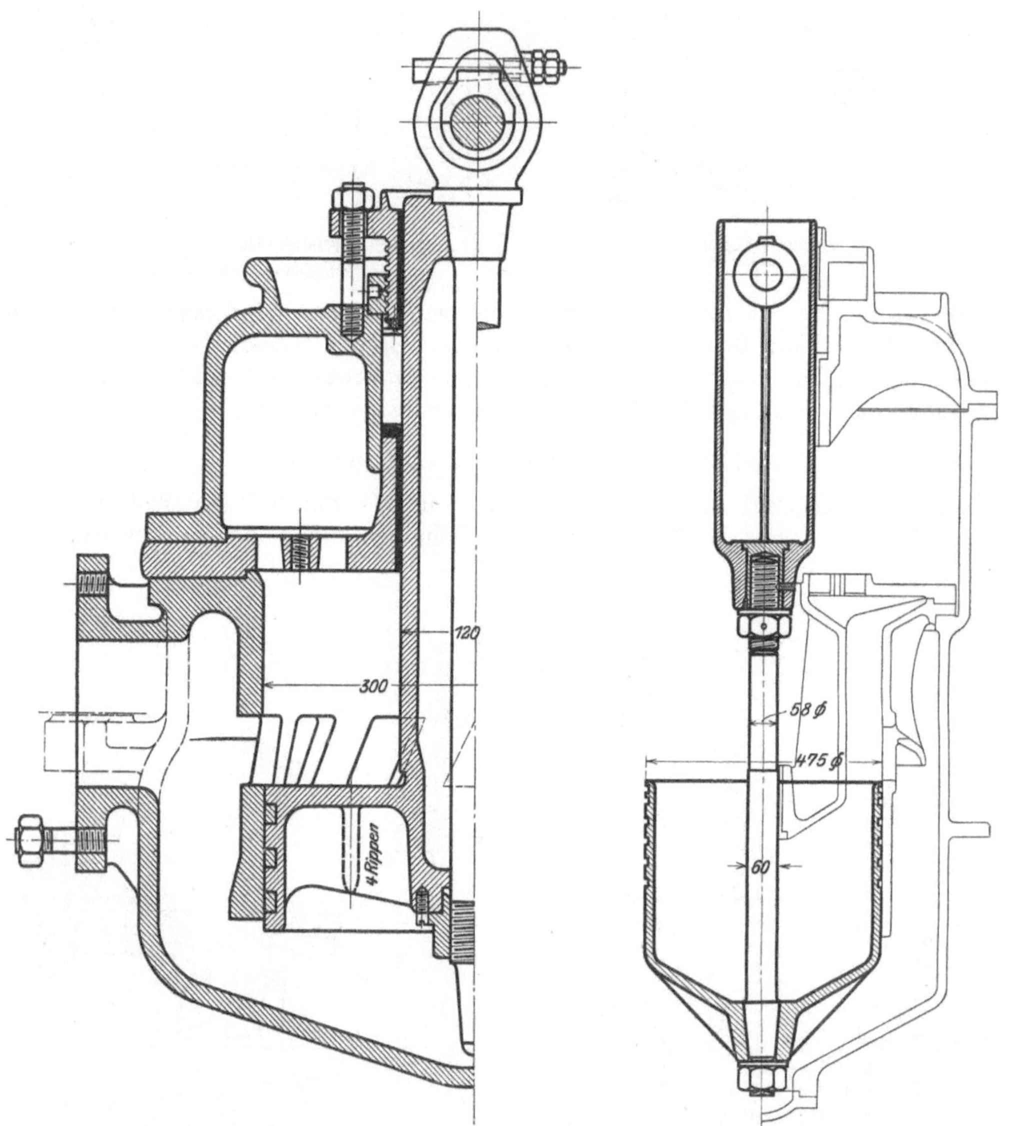

Fig. 246. (Koch, Bantelmann & Paasch, M.-Buckau.)   Fig. 247. (Ascherslebener M. A.-G.)

Fig. 241. Der Kranz des Kolbens, der zwei nebeneinanderliegende breite Rotgußringe trägt, ist durch 6 Rippen mit der Nabe verbunden. Das Ventil ist ein zweisitziges Ringventil, das sich an der Kolbenstange führt. Es ist durch eine Schraubenfeder belastet und mit Hubbegrenzung versehen. Die Kolbenstange ist in die Nabe eingeschraubt und durch eine Gegenmutter gesichert.

Fig. 242 und 243. Die Kolbenscheibe ist an 6 Stellen rosettenartig durchbrochen und durch 3 radiale Rippen versteift.

Als Ventile sind Gummiklappen vorgesehen. Die Abdichtung des Kolbens gegen die Zylinderwand erfolgt durch 2 Gußeisenringe und einige halbrunde Nuten, von denen 3 auf der Druckseite angeordnet sind.

Fig. 244 und 245. Der Kolbenkörper besteht aus Rotguß. Er besitzt keine Dichtungsringe, sondern ist eingeschliffen.

Aus der Figur ist auch die Konstruktion der Gummiklappen und der Fänger zu ersehen.

Fig. 246. Die Pumpe ist mit Saugschlitzen versehen. Der Kolben besteht aus einem Scheibenkolben mit rohrförmigen Ansatz. Durch den ganzen Kolben hindurch geht die Kolbenstange. Sie hat konischen Sitz nnd wird durch eine Mutter festgezogen, die mit Rundgummi abgedichtet und gegen Drehen gesichert ist. Das obere Ende der Kolbenstange ist als Auge für die Lenkstange ausgebildet. Es ist also kein Kreuzkopf vorhanden, der Lenkstangendruck muß von der Führung des Kolbens aufgenommen werden.

Fig. 247. Die Pumpe hat gleichfalls Saugschlitze. Der Kolben ist ein offener Tauchkolben ohne Kolbenringe. Um eine bessere Abdichtung herbeizuführen, sind 6 Rillen in die Kolbenwand eingedreht. Das obere Ende der Kolbenstange ist mit einer Büchse verschraubt, die in einem rohrförmigen Führungsstück sitzt. Dies Führungsstück trägt die Augen für die Lenkstange.